高等职业教育教材

# 环境在线监测技术

王秀林　刘青龙　张古臣　主编
陈浩轩　黄坤　副主编
高松　宋兴伟　主审

化学工业出版社
·北京·

## 内容简介

本书内容主要包括环境在线监测系统的概述、水环境在线监测技术、大气在线监测技术、噪声污染在线监测技术四大部分。该教材详细介绍水质、大气、噪声在线监测仪器的原理、特点、技术指标、应用领域、操作、安装与调试、质量保证与质量控制等内容。旨在培养学生能区分环境在线监测系统内各仪器设备的功能，了解环境在线监测系统仪器设备、站房的安装调试，熟练掌握在线仪器设备的操作应用及其维护。

本书贯彻生态文明思想，践行绿水青山就是金山银山的理念。推动绿色发展，促进人与自然和谐共生，充分体现了党的二十大精神进教材。

本教材为高等职业教育环境保护类、仪器仪表类、化学化工类等专业的教学用书，也可作为环境监测行业等相关从业人员的参考用书。

### 图书在版编目（CIP）数据

环境在线监测技术/王秀林，刘青龙，张古臣主编．—北京：化学工业出版社，2023.11（2025.2重印）
ISBN 978-7-122-44054-9

Ⅰ.①环… Ⅱ.①王… ②刘… ③张… Ⅲ.①环境监测系统-高等职业教育-教材 Ⅳ.①X84

中国国家版本馆CIP数据核字（2023）第159609号

---

责任编辑：王文峡　　　　　　　　　　　　　文字编辑：丁海蓉
责任校对：杜杏然　　　　　　　　　　　　　装帧设计：韩　飞

---

出版发行：化学工业出版社（北京市东城区青年湖南街13号　邮政编码100011）
印　　装：北京云浩印刷有限责任公司
787mm×1092mm　1/16　印张11¼　字数237千字　2025年2月北京第1版第2次印刷

购书咨询：010-64518888　　　　　　　　　售后服务：010-64518899
网　　址：http://www.cip.com.cn
凡购买本书，如有缺损质量问题，本社销售中心负责调换。

定　价：42.00元　　　　　　　　　　　　　　　　　　　版权所有　违者必究

# 前言

环境在线监测技术是以在线自动分析仪器为核心,利用先进的传感技术、测量技术、控制技术、计算机技术及相关的专业分析软件,通过无线数据传输串联起来所构成的综合在线环保监测、预警平台。此技术已广泛应用于水质监测、空气质量监测、环境噪声监测等在线监测过程,在环境领域属于新技术,具有广阔的发展和应用前景。

本书贯彻生态文明思想,践行绿水青山就是金山银山的理念。推动绿色发展,促进人与自然和谐共生,充分体现了党的二十大精神进教材。

本书共分为四个部分:绪论主要讲述环境在线监测系统的定义、发展历程、分类、特点和发展趋势;第一章是水环境在线监测技术,主要讲述水质常规五参数、氨氮、COD、总磷、总氮、重金属和其他项目(氟化物、叶绿素a、蓝绿藻)在线监测仪器的原理、应用领域、操作、安装与调试,以及站房和系统建设;第二章是大气在线监测技术,主要讲述空气在线监测站、微型环境空气在线监测站、挥发性有机物在线监测(FID/质谱)系统、(污染源)挥发性有机物在线监测系统、温室气体在线监测系统的系统概述、组成、分析原理、性能特点、应用领域和系统操作;第三章是噪声污染在线监测技术,主要讲述噪声污染和危害、噪声的标准以及噪声污染在线监测设备的系统特点、气象条件、测量时段和点位布设。

本书由江西环境工程职业学院王秀林、刘青龙和江苏国技仪器有限公司张古臣担任主编,江苏国技仪器有限公司陈浩轩和江西环境工程职业学院黄坤担任副主编,参编人员有江西环境工程职业学院彭瑞昊和广东环境保护工程职业学院蔡宗平、钱伟。江苏省环境监测中心宋兴伟教授和上海大学高松高级工程师担任本书主审。衷心感谢化学工业出版社对本书出版所给予的大力支持和帮助。

限于编者水平,书中难免存在不妥之处,热忱欢迎读者和专家批评指正。

编 者
2023年8月

# 目 录

## 绪 论 ... 1
一、环境在线监测系统的定义 ... 1
二、环境在线监测系统的发展历程 ... 1
三、环境在线监测系统的分类 ... 3
四、环境在线监测系统的特点 ... 4
五、环境在线监测技术的发展趋势 ... 4

## 第一章 水环境在线监测技术 ... 6
学习目标 ... 6
阅读材料 ... 6
### 第一节 水体污染与监测 ... 7
一、水体与水体污染 ... 7
二、水污染监测的对象和目的 ... 7
三、水域功能和标准分类 ... 8
四、标准值 ... 8
五、监测项目 ... 11
六、监测断面的布设 ... 14
### 第二节 水质常规五参数在线监测 ... 15
一、pH在线分析仪 ... 15
二、浊度在线分析仪 ... 17
三、电导率在线分析仪 ... 18
四、溶解氧在线分析仪 ... 19
五、温度在线分析仪 ... 20
### 第三节 氨氮在线监测 ... 20
一、氨氮 ... 20
二、仪器简介 ... 21
三、监测原理 ... 21
四、仪器特点 ... 21
五、技术指标 ... 21
六、应用领域 ... 21

  七、仪器操作 ………………………………………………………… 22
  八、设备安装调试 …………………………………………………… 36
 第四节 COD 在线监测 ………………………………………………… 41
  一、化学需氧量（COD）…………………………………………… 41
  二、$COD_{Cr}$ 在线分析仪 …………………………………………… 42
  三、$COD_{Mn}$ 在线分析仪 …………………………………………… 43
 第五节 总磷在线监测 …………………………………………………… 44
  一、总磷 ……………………………………………………………… 44
  二、仪器简介 ………………………………………………………… 45
  三、监测原理 ………………………………………………………… 45
  四、仪器特点 ………………………………………………………… 45
  五、技术指标 ………………………………………………………… 45
  六、应用领域 ………………………………………………………… 46
  七、仪器操作、安装、调试 ………………………………………… 46
 第六节 总氮在线监测 …………………………………………………… 46
  一、总氮 ……………………………………………………………… 46
  二、仪器简介 ………………………………………………………… 46
  三、监测原理 ………………………………………………………… 46
  四、仪器特点 ………………………………………………………… 47
  五、技术指标 ………………………………………………………… 47
  六、应用领域 ………………………………………………………… 47
  七、仪器操作、安装、调试 ………………………………………… 48
 第七节 重金属在线监测 ………………………………………………… 48
  一、铬水质在线分析仪 ……………………………………………… 48
  二、铜水质在线分析仪 ……………………………………………… 49
  三、铁水质在线分析仪 ……………………………………………… 50
  四、铅水质在线分析仪 ……………………………………………… 50
  五、锰水质在线分析仪 ……………………………………………… 51
 第八节 其他项目在线监测 ……………………………………………… 52
  一、氟化物水质在线分析仪 ………………………………………… 52
  二、叶绿素 a、蓝绿藻水质在线分析仪 …………………………… 54
 第九节 站房及系统建设 ………………………………………………… 56
  一、选址基本原则 …………………………………………………… 56
  二、选址必备条件 …………………………………………………… 56
  三、站址建站基本要求 ……………………………………………… 57
  四、站房及系统设计 ………………………………………………… 57
  五、安装调试 ………………………………………………………… 62
 复习思考题 ……………………………………………………………… 64

# 第二章　大气在线监测技术　66

学习目标 ………………………………………………… 66
阅读材料 ………………………………………………… 66
第一节　空气在线监测站 ………………………………… 67
　一、系统概述 ………………………………………… 67
　二、系统架构 ………………………………………… 68
　三、监测项目 ………………………………………… 68
　四、监测点位布设原则 ……………………………… 69
　五、监测点位布设要求 ……………………………… 70
　六、监测点位管理 …………………………………… 72
　七、仪器设备介绍 …………………………………… 73
　八、站房建设 ………………………………………… 84
　九、安装调试及验收 ………………………………… 92
　十、质量保障和质量控制 …………………………… 98
第二节　微型环境空气在线监测站 ……………………… 102
　一、系统概述 ………………………………………… 102
　二、监测项目 ………………………………………… 104
　三、技术指标 ………………………………………… 104
　四、系统特点 ………………………………………… 107
　五、应用领域 ………………………………………… 108
　六、质量控制 ………………………………………… 108
　七、质量保障 ………………………………………… 109
第三节　挥发性有机物在线监测（FID/质谱）系统 …… 111
　一、VOCs 简介 ……………………………………… 111
　二、系统概述 ………………………………………… 113
　三、系统组成 ………………………………………… 114
　四、监测项目 ………………………………………… 116
　五、分析原理 ………………………………………… 117
　六、性能特点 ………………………………………… 118
　七、应用领域 ………………………………………… 122
　八、系统操作 ………………………………………… 122
第四节　（污染源）挥发性有机物在线监测系统 ……… 129
　一、系统概述 ………………………………………… 129
　二、系统组成 ………………………………………… 130
　三、监测原理 ………………………………………… 136
　四、技术指标 ………………………………………… 136
　五、系统特点 ………………………………………… 137

六、应用领域 …………………………………… 137
　　七、系统操作 …………………………………… 137
　　八、维护标定 …………………………………… 147
　　九、监测站房 …………………………………… 152
　第五节　温室气体在线监测系统 ………………… 156
　　一、系统概述 …………………………………… 156
　　二、监测项目 …………………………………… 157
　　三、监测原理 …………………………………… 157
　　四、技术指标 …………………………………… 157
　　五、系统特点 …………………………………… 159
　　六、应用领域 …………………………………… 159
　复习思考题 ………………………………………… 159

# 第三章　噪声污染在线监测技术　160

学习目标 ……………………………………………… 160
阅读材料 ……………………………………………… 160
　第一节　噪声的污染和危害 ……………………… 161
　　一、噪声的定义 ………………………………… 161
　　二、噪声的来源 ………………………………… 161
　　三、噪声的危害 ………………………………… 162
　第二节　噪声的标准 ……………………………… 163
　　一、环境噪声允许范围 ………………………… 163
　　二、环境噪声制定依据 ………………………… 163
　　三、环境噪声限值 ……………………………… 164
　第三节　噪声在线监测 …………………………… 166
　　一、测量仪器 …………………………………… 166
　　二、系统特点 …………………………………… 167
　　三、气象条件 …………………………………… 167
　　四、测量时段 …………………………………… 167
　　五、点位布设 …………………………………… 167
　复习思考题 ………………………………………… 169

# 绪　　论

## 一、环境在线监测系统的定义

环境在线监测系统是以在线自动分析仪器为核心，运用现代传感技术、自动测量技术、自动控制技术、计算机应用技术以及相关的专用分析软件和 GPRS（通用无线分组业务）无线数据传输方式所组成的一个综合性的在线自动环境监测与环境预警的信息平台。

## 二、环境在线监测系统的发展历程

从 19 世纪下半叶起，随着经济社会的发展，各类工业污染事件的发生直接影响了人类的生活，环境问题逐渐得到社会的重视。基于化学分析测试的环境监测也随着全球环境问题的日益突出和环保事业的兴起，逐步发展为一项多学科相互渗透的综合性学科，其监测手段、监测方法、管理水平随着科学技术的进步不断地得到改善和提高。目前，最行之有效的途径和发展趋势就是应用信息技术来协助监测业务的处理与管理。

传统的环境监测主要基于单台仪器的间断方法，甚至是人工取样、实验室分析的非在线式监测，无法实现数据共享、在线测量和远程控制，对环境质量的突然恶化，以及污染源污染物的突发超标排放无法掌握，常常引起重大污染事故和经济纠纷，具有明显的缺点。因此，世界各国近 30 年来均把先进的自动控制技术、化学分析手段和计算机测控技术作为发展环境监测技术的重要手段。欧美和日本发达国家等纷纷投入巨资，研究和发展在线式、不间断测量的环境监测设备，并采用先进的计算机软件技术以求大大提高监测仪器的自动化水平和数据处理能力，建立了以监测空气、水质、噪声等环境综合指标，以及某些特定项目为基础的在线监测系统。

随着信息技术、网络技术的飞速发展，环境监测仪器的计算机化、网络化也成为不可逆转的潮流，包括空气质量、水质以及污染源监测在内的各种广域、城域环境在线监测系统也因此迅速得到发展，网络技术、工业测控总线技术、面向对象的软件开发技术等均在环境在线监测方面得到良好的应用。目前，世界上越来越多的国家和地区都将遥感遥测技术、地理信息系统（GIS）技术、网络通信技术、数据库技术和管理信息系统（MIS）技术应用到环境监测中，建立了以大气、水质、噪声等环境综合指标及其特定项目为基础的环境在线监测系统。

环境空气质量自动监测系统和水质自动监测系统在我国起步较早，其相关技术研究开发及实际应用比较成熟，确立了部分相关技术规范和标准，并在全国形成了一定范围内的空气质量自动监测和水质自动监测网络；而污染源在线监测系统在我国近几年才开始起步，与此相关的监测设备、系统开发等技术则相对滞后。

我国从20世纪80年代中期开始污染源在线监测方面的研究和探索，但是真正在全国范围内开展此项工作则始于20世纪90年代后期，国家环保总局（现生态环境部）在全国选择了一些省市作为试点，对污染源在线监测进行了管理和技术方面的有益探索，污染源在线监测相关设备和软件的研究开发也不断扩大及成熟，国内许多高校和科研院所，以及一些高新技术企业相继研制环境在线监测系统，取得了一定的成果。在环境监测软件系统上出现了一些单元化设备，有关广域环境自动监测多层次大系统的研制也逐步展开。

但从全国来看，我国大部分省市开展在线监测的水平不一，同时水污染在线监测以规范排污口、安装污水流量计和COD（化学需氧量）仪居多；大气则以安装烟气在线监测设备为主；南方城市安装COD在线监测设备的企业较多，北方城市安装烟气在线监测设备的企业较多，仅在部分城市实现了监测设备的联网和集中控制管理。部分联网的系统存在的问题也较多，主要表现在：现有系统运行不稳定、故障率高，无法满足高性能、稳定性的要求；数据传输方式落后，成本较高；在监测数据采集与监控模式、广域接入远程通信、系统容错、系统长期稳定性、数据处理分析与管理、环境决策支持等方面还存在诸多缺陷和不足。

环境管理具有复杂性和动态性的特点，涉及多部门、多地区和多领域，需要处理大量的数据。为环境管理服务的各类环境信息系统在环保业务中发挥了巨大的作用。但随着在线监测、Web（网络）、GIS、GPS、呼叫中心、无线通信技术的进步，以及环保业务的发展变化，已有的系统无法满足自动监控、实时表现、多系统多部门联动等业务要求。综合各种技术优势，建立的在线监控指挥系统，能使隐藏在错综复杂关系下的诸多因素变得清晰，可随条件的改变而动态变化，并通过实时数据展示、模型模拟和视频监控等手段使用户直接看到结果。因此，建设一套操作便捷、界面直观、交互式和可视化环境的自动监控指挥系统是环境自动监控发展的必然趋势。

目前全国环境监控中心所运行的各种监控系统，在设计思路上非常接近，都采用了以环境地理信息系统为平台，以远程视频监控和污染源在线监测为主要监控手段，以环境信息管理系统为管理决策依据的总体框架，而在监控网络采用的通信方式方面则各具特点。

由于各环境监测管理业务信息系统彼此相互独立，数据采集重复，数据冗余和不一致性现象十分严重，难以实现信息互通和资源共享；由于对数据缺乏深入的分析与挖掘利用，花费巨资采集到的监测数据，只能简单地用于核定企业的排放状况，不能更深层次地用于环境规划、环境统计、区域环境总量控制、环境影响评价、环境事故预警等一系列环境管理业务中，更不能为国家制定宏观经济运行及环保投资政策提供信息支持。

进入 21 世纪后，以信息革命为标志的第二次现代化浪潮扑面而来，信息化正在成为当今世界发展的最新潮流。面对这样的形势，我国将信息化作为覆盖现代化建设全局的战略举措，在国民经济发展和社会进步的各个领域全面推进。如果说国家信息化水平标志着一个国家新一轮现代化的进程，那么，也可以说信息化水平是环境保护和管理现代化进程的主要标志。

广泛应用自动监控技术、遥感、全球定位系统、地理信息系统，以及网络通信、计算机技术、支持管理等现代化手段和方法，对我国环境实施实时监控，建立业务应用系统和虚拟监控环境，并结合相关地区的自然、经济、社会等要素构建一体化的数字集成平台。在这一平台和环境中，结合环境监控管理业务的需求，大力提高信息化支持下的环境监管能力和环境执法能力，最大限度地实现环境监控管理的数字化，对环境监控管理的各种方案进行模拟、分析和研究，对环保数据和业务要求进行深入分析与挖掘，并在可视化的条件下提供决策支持，从而大幅度提高我国环境管理与决策工作的科学化、定量化和时效性。

## 三、环境在线监测系统的分类

环境在线监测系统可以大致分为水环境在线监测系统、大气在线监测系统、噪声污染在线监测系统等几类。

1. 水环境在线监测系统

水环境在线监测系统是以水质管理与预警为目标，以提供及时、准确的水质检测结果为主要目的，利用自动控制和计算机技术，组成的一个从采样、水样分析到检测数据处理、存贮和传输的完整系统。可监测的水质指标有水质常规五参数、高锰酸盐指数、氨氮、总磷、总氮等。水环境在线监测技术方法包括电化学分析法、光学分析法、色谱分析法等。

2. 大气在线监测系统

大气在线监测系统集计算机技术、遥感技术、高精度测量技术、自动控制技术于一体，监测对象覆盖空气质量、大气污染等领域。可监测的大气指标有气象五参数、二氧化硫、一氧化碳、氮氧化物、臭氧、颗粒物等。大气在线监测技术方法包括膜萃取气相色谱法、质子转移质谱法、傅里叶变换红外光谱法、差分光学吸收光谱法、激光雷达探测法、排放通量测量法等。

3. 噪声污染在线监测系统

噪声污染在线监测系统是实现声电转换与数据处理、存储、传输、控制和校准等功能的大型分布式计算机网络监测的系统。

以上三类监测系统是目前应用最广的环境在线监测系统。本教材着重介绍以上三种常用的环境在线监测系统。

## 四、环境在线监测系统的特点

### 1. 实时性

利用网络实时在线的特点,建立在线监控系统(环境监理信息系统)的网络,及时准确地掌握各个监测点的实际运行情况和污染物排放的发展趋势与动态。

### 2. 连续性

可以根据现场实际情况与要求,人工设定设备的取样间隔,通过数据采集装置将现场数据不间断地传输到上端平台,以实现对污染源和环境质量情况全时段、全天候的监测。

### 3. 预警性

具有人性化的报警和预警功能,可以提醒管理人员及时关注和处理可能发生或正在发生的环保污染事故,准确了解现场的污染动态情况,系统可以自动分析评估监测数据,实时汇总各种污染物的排放总量,及时、准确地掌握排污口的动态,对污染物排放量发展趋势过快的情况提前预警,可以大大避免环境污染,将污染事件及时消灭在萌芽中。

除以上特点外,环境在线监测技术也具有一定的局限性。其一,环境在线监测结果不全面,不能在同一时间在线监测多项指标。其二,环境在线监测设备价格较高,难保养,工作条件要求较高。

## 五、环境在线监测技术的发展趋势

### 1. 无机、有机结合,全方位监测污染情况

目前许多企业依旧是密集型的污染能力很强的企业,这些企业产生的污染物中主要是有毒有害物质。因此,强化对有机物的监测,能够迅速将水或者空气中包含的有毒有害物质监测到。然而这是重大的难点,也是全球环境在线监测技术很难突破的问题,所以还需结合无机污染物检测技术,研究全方位高端的针对有机污染物的监测技术。

### 2. 监测仪器设备小型化,及时监测

现阶段,我国多数环境在线监测设备体积较大,而数据传输范围不大。有些企业只能对自己范围内的监测数据进行控制,这样就不能确保监测结果是完全真实的。我国环境在线监测技术今后的发展趋势是监测内容越来越全面,监测结果越来越严格,监测数据越来越及时,监测设备越来越便捷。今后的监测设备必须要缩小体积,便于随身携带。

### 3. 提升自动化程度，降低对人工参与的依赖

环境在线监测技术通常依赖监测仪器设备自动化地监测，然而当前我国环境在线监测系统依旧有许多过程是人工参与的。这样容易因为人为更改数据等因素而造成监测结果不够真实。因此，今后的发展趋势必须要显著提升环境监测自动化程度，降低人工参与程度。这样既可以节约人力资源的资金，又能确保数据的真实性。

# 第一章

# 水环境在线监测技术

## 学习目标

**知识目标：** 了解水环境在线监测系统的组成，掌握水环境在线监测系统的仪器结构、工作原理、应用范围。

**能力目标：** 能区分水环境在线监测系统内各仪器设备的功能，掌握水环境在线监测系统仪器设备、站房的安装调试，熟练掌握在线仪器设备的操作应用及其维护。

**素质目标：** 增强生态文明意识；培养爱岗敬业、诚实守信的水环境在线监测运营职业道德；提升信息素养水平。

## 阅读材料

我国坚持"绿水青山就是金山银山"的理念，全方位、全地域、全过程加强生态环境保护，生态环境保护发生历史性、转折性、全局性变化。

20世纪80年代我国引进水质自动监测技术，1988年天津作为试点建成第1个水质连续自动监测系统。"十五"和"十一五"期间在重要断面、大型湖库及国界出入境河流共建成149个水质自动监测站。"十三五"国家地表水环境质量监测网设置国控断面（点位）2767个，截至2018年我国在长江流域、黄河流域、珠江流域、松花江流域、淮河流域、海河流域、辽河流域、浙闽片河流、西南诸河、西北诸河、太湖流域、巢湖流域和滇池流域建成1881个国控地表水质自动监测站。

为落实"共抓大保护、不搞大开发"理念，全面推动长江经济带发展，掌握水环境质量状况，生态环境部累计在长江经济带沿线943个断面新建或升级改造水质自动监测站614个。地方政府为了掌握区域内水环境质量状况，厘清市（州）主体责任，也建设大量水质自动监测站，如2020年，江西省建成了119个长江经济带水质自动监测站，主要分布在11个设区市的76个县（市、区）。自动监测站实现了地表水9个指标（水温、pH、溶解氧、电导率、浊度、高锰酸盐指数、氨氮、总磷、总氮）的连续自动监测能力。

目前，我国地表水水质自动监测已形成国控-省控-市控三级监测网络体系，监测数据有效应用于环境质量现状评估、水功能区污染总量核算及水环境质量预警预报。

## 第一节 水体污染与监测

### 一、水体与水体污染

水体是地表水、地下水及其中包含的底质、水生生物等的总称。地表水是指陆地表面上动态水和静态水的总称，亦称"陆地水"，包括各种液态的和固态的水体，主要有河流、湖泊、沼泽、冰川、冰盖等。地下水是指赋存于地面以下岩石空隙中的水，狭义上是指地下水面以下饱和含水层中的水。地下水和地表水是人类生活用水的重要来源，也是各国水资源的主要组成部分。地球上总水量约为 $1.36 \times 10^{18} m^3$，其中，海水约占 97.3%，淡水仅约占 2.7%，而且淡水资源中约 68.7% 存在于地球南极和北极的冰川、冰盖及深层地下。人类比较容易利用的淡水资源总计不到淡水总量的 1%。

水是生命的起源，是人类和生物赖以生存不可缺少的物质，是发展工业的重要条件和农业的命脉。随着经济的高速发展，水资源曾一度遭到严重的破坏，对工农业生产产生了重大影响。我国属于贫水国家，人均水资源占有量仅约 $2300 m^3$，仅为世界平均水平的 1/4，在世界上名列 121 位，是全球 13 个人均水资源最贫乏的国家之一。扣除难以利用的洪水径流和散布在偏远地区的地下水资源后，我国现实可利用的淡水资源量更少，仅为 11000 亿 $m^3$ 左右，人均可利用水资源量约为 $900 m^3$，并且其分布极不均衡，故加强水资源保护的任务十分迫切。

水污染不仅会降低水体的使用功能，还会进一步加剧水资源短缺的矛盾，对可持续发展带来严重影响，而且会严重威胁到城市居民的饮水安全和人民群众的健康。

水体污染一般分为化学污染、物理污染和生物污染三种类型。化学污染系指随废（污）水及其他废物排入水体的无机污染物和有机污染物造成的水体污染。物理污染系指排入水体的有色物质、悬浮物、放射性物质及高于常温的物质造成的污染。生物污染系指随生活污水、医院污水等排入水体的病原微生物造成的污染。

污染物进入水体后，首先被稀释，随后进行一系列复杂的物理变化、化学变化和生物转化，如挥发、絮凝、水解、络合、氧化还原及微生物降解等，使污染物浓度降低，该过程称为水体自净。但是当污染物排入量超过水体自净能力时，就会造成污染物积累，水质急剧恶化。水体是否被污染，污染程度如何，需要通过其所含污染物或相关参数的监测结果来判断。

### 二、水污染监测的对象和目的

水污染监测分为环境水体监测和水污染源监测。环境水体包括地表水（江、河、湖、库、渠、海水）和地下水，水污染源包括工业废水、生活污水、医院废水等。对它们进行监测的目的可概括为以下几个方面。

① 对江、河、湖、库、渠、海水等地表水和地下水中的污染物质进行经常性的监测，以掌握水质现状及其变化趋势。

② 对生产、生活等废（污）水排放源排放的废（污）水进行监视性监测，掌握废（污）水排放量及其污染物浓度和排放总量，评价是否符合排放标准，为污染源管理提供依据。

③ 对水环境污染事故进行应急监测，为分析判断事故原因、危害及制订对策提供依据。

④ 为国家政府部门制定水环境保护标准、法规和规划提供有关数据与资料。

⑤ 为开展水环境质量评价和预测、预报及进行环境科学研究提供基础数据与技术手段。

⑥ 对环境污染纠纷进行仲裁监测，为判断纠纷原因提供科学依据。

### 三、水域功能和标准分类

依据地表水水域环境功能和保护目标，按功能高低依次划分为五类。

Ⅰ类：主要适用于源头水、国家自然保护区。

Ⅱ类：主要适用于集中式生活饮用水地表水源地一级保护区、珍稀水生生物栖息地、鱼虾类产卵场、仔稚幼鱼的索饵场等。

Ⅲ类：主要适用于集中式生活饮用水地表水源地二级保护区、鱼虾类产卵场、洄游通道、水产养殖区等渔业水域及游泳区。

Ⅳ类：主要适用于一般工业用水区及人体非直接接触的娱乐用水区。

Ⅴ类：主要适用于农业用水区及一般景观要求水域。

对应地表水上述五类水域功能，将地表水环境质量标准基本项目标准值分为五类，不同功能类别分别执行相应类别标准值。水域功能类别高的标准值严于水域功能类别低的标准值。同一水域兼有多类使用功能的，执行最高功能类别对应的标准值。

### 四、标准值

**1. 地表水环境质量标准基本项目标准限值**

地表水环境质量标准基本项目标准限值［《地表水环境质量标准》（GB 3838—2002）］详见表1-1。

**2. 集中式生活饮用水地表水源地标准限值**

集中式生活饮用水地表水源地补充项目标准限值［《地表水环境质量标准》GB 3838—2002）］详见表1-2。集中式生活饮用水地表水源地特定项目标准限值［《地表水环境质量标准》（GB 3838—2002）］详见表1-3。

表 1-1　地表水环境质量标准基本项目标准限值

| 序号 | 项目 | 分类(标准值) | | | | |
|---|---|---|---|---|---|---|
| | | Ⅰ类 | Ⅱ类 | Ⅲ类 | Ⅳ类 | Ⅴ类 |
| 1 | 水温/℃ | 人为造成的环境水温变化应限制在：<br>周平均最大温升≤1；<br>周平均最大温降≤2 | | | | |
| 2 | pH 值(无量纲) | 6～9 | | | | |
| 3 | 溶解氧/(mg/L) | ≥饱和率90%<br>(或 7.5) | ≥6 | ≥5 | ≥3 | ≥2 |
| 4 | 高锰酸盐指数<br>/(mg/L) | ≤2 | ≤4 | ≤6 | ≤10 | ≤15 |
| 5 | 化学需氧量<br>/(mg/L) | ≤15 | ≤15 | ≤20 | ≤30 | ≤40 |
| 6 | 五日生化需氧量<br>/(mg/L) | ≤3 | ≤3 | ≤4 | ≤6 | ≤10 |
| 7 | 氨氮/(mg/L) | ≤0.15 | ≤0.5 | ≤1.0 | ≤1.5 | ≤2.0 |
| 8 | 总磷(以 P 计)<br>/(mg/L) | ≤0.02<br>(湖、库 0.01) | ≤0.1<br>(湖、库 0.025) | ≤0.2<br>(湖、库 0.05) | ≤0.3<br>(湖、库 0.01) | ≤0.4<br>(湖、库 0.02) |
| 9 | 总氮(湖、库以 N 计)<br>/(mg/L) | ≤0.2 | ≤0.5 | ≤1.0 | ≤1.5 | ≤2.0 |
| 10 | 铜/(mg/L) | ≤0.01 | ≤1.0 | ≤1.0 | ≤1.0 | ≤1.0 |
| 11 | 锌/(mg/L) | ≤0.05 | ≤1.0 | ≤1.0 | ≤2.0 | ≤2.0 |
| 12 | 氟化物(以 $F^-$ 计)<br>/(mg/L) | ≤1.0 | ≤1.0 | ≤1.0 | ≤1.5 | ≤1.5 |
| 13 | 硒/(mg/L) | ≤0.01 | ≤0.01 | ≤0.01 | ≤0.02 | ≤0.02 |
| 14 | 砷/(mg/L) | ≤0.05 | ≤0.05 | ≤0.05 | ≤0.1 | ≤0.1 |
| 15 | 汞/(mg/L) | ≤0.00005 | ≤0.00005 | ≤0.0001 | ≤0.001 | ≤0.001 |
| 16 | 镉/(mg/L) | ≤0.001 | ≤0.005 | ≤0.005 | ≤0.005 | ≤0.01 |
| 17 | 铬(六价)/(mg/L) | ≤0.01 | ≤0.05 | ≤0.05 | ≤0.05 | ≤0.1 |
| 18 | 铅/(mg/L) | ≤0.01 | ≤0.01 | ≤0.05 | ≤0.05 | ≤0.1 |
| 19 | 氰化物/(mg/L) | ≤0.005 | ≤0.05 | ≤0.2 | ≤0.2 | ≤0.2 |
| 20 | 挥发酚/(mg/L) | ≤0.002 | ≤0.002 | ≤0.005 | ≤0.01 | ≤0.1 |
| 21 | 石油类/(mg/L) | ≤0.05 | ≤0.05 | ≤0.05 | ≤0.5 | ≤1.0 |
| 22 | 阴离子表面活性剂<br>/(mg/L) | ≤0.2 | ≤0.2 | ≤0.2 | ≤0.3 | ≤0.3 |
| 23 | 硫化物/(mg/L) | ≤0.05 | ≤0.1 | ≤0.2 | ≤0.5 | ≤1.0 |
| 24 | 类大肠菌群<br>/(个/L) | ≤200 | ≤2000 | ≤10000 | ≤20000 | ≤40000 |

表 1-2 集中式生活饮用水地表水源地补充项目标准限值

| 序号 | 项目 | 标准值/(mg/L) | 序号 | 项目 | 标准值/(mg/L) |
|---|---|---|---|---|---|
| 1 | 硫酸盐(以 $SO_4^{2-}$ 计) | 250 | 4 | 铁 | 0.3 |
| 2 | 氯化物(以 $Cl^-$ 计) | 250 | 5 | 锰 | 0.1 |
| 3 | 硝酸盐(以 N 计) | 10 | | | |

表 1-3 集中式生活饮用水地表水源地特定项目标准限值

| 序号 | 项目 | 标准值/(mg/L) | 序号 | 项目 | 标准值/(mg/L) |
|---|---|---|---|---|---|
| 1 | 三氯甲烷 | 0.06 | 32 | 2,4-二硝基甲苯 | 0.0003 |
| 2 | 四氯化碳 | 0.002 | 33 | 2,4,6-三硝基甲苯 | 0.5 |
| 3 | 三溴甲烷 | 0.1 | 34 | 硝基氯苯⑤ | 0.05 |
| 4 | 二氯甲烷 | 0.02 | 35 | 2,4-二硝基氯苯 | 0.5 |
| 5 | 1,2-二氯乙烷 | 0.03 | 36 | 2,4-二氯苯酚 | 0.093 |
| 6 | 环氧氯丙烷 | 0.02 | 37 | 2,4,6-三氯苯酚 | 0.2 |
| 7 | 氯乙烯 | 0.005 | 38 | 五氯酚 | 0.009 |
| 8 | 1,1-二氯乙烯 | 0.03 | 39 | 苯胺 | 0.1 |
| 9 | 1,2-二氯乙烯 | 0.05 | 40 | 聚苯胺 | 0.0002 |
| 10 | 三氯乙烯 | 0.07 | 41 | 丙烯酰胺 | 0.0005 |
| 11 | 四氯乙烯 | 0.04 | 42 | 丙烯腈 | 0.1 |
| 12 | 氯丁二烯 | 0.002 | 43 | 邻苯二甲酸二丁酯 | 0.003 |
| 13 | 六氯丁二烯 | 0.0006 | 44 | 邻苯二甲酸二(2-乙基己基)酯 | 0.008 |
| 14 | 苯乙烯 | 0.02 | 45 | 水合肼 | 0.01 |
| 15 | 甲醛 | 0.9 | 46 | 四乙基铅 | 0.0001 |
| 16 | 乙醛 | 0.05 | 47 | 吡啶 | 0.2 |
| 17 | 丙烯醛 | 0.1 | 48 | 松节油 | 0.2 |
| 18 | 三氯乙醛 | 0.01 | 49 | 苦味酸 | 0.5 |
| 19 | 苯 | 0.01 | 50 | 丁基还原酸 | 0.005 |
| 20 | 甲苯 | 0.7 | 51 | 活性氯 | 0.01 |
| 21 | 乙苯 | 0.3 | 52 | 滴滴涕 | 0.001 |
| 22 | 二甲苯① | 0.5 | 53 | 林丹 | 0.002 |
| 23 | 异丙苯 | 0.25 | 54 | 环氧七氯 | 0.0002 |
| 24 | 氯苯 | 0.3 | 55 | 对硫磷 | 0.003 |
| 25 | 1,2-二氯苯 | 1.0 | 56 | 甲基对硫磷 | 0.002 |
| 26 | 1,4-二氯苯 | 0.3 | 57 | 马拉硫磷 | 0.05 |
| 27 | 三氯苯② | 0.02 | 58 | 乐果 | 0.08 |
| 28 | 四氯苯③ | 0.02 | 59 | 敌敌畏 | 0.05 |
| 29 | 六氯苯 | 0.05 | 60 | 敌百虫 | 0.05 |
| 30 | 硝基苯 | 0.017 | 61 | 内吸磷 | 0.03 |
| 31 | 二硝基苯④ | 0.5 | 62 | 百菌清 | 0.01 |

续表

| 序号 | 项目 | 标准值/(mg/L) | 序号 | 项目 | 标准值/(mg/L) |
|---|---|---|---|---|---|
| 63 | 甲萘威 | 0.05 | 72 | 钴 | 1.0 |
| 64 | 溴氰菊酯 | 0.02 | 73 | 铍 | 0.002 |
| 65 | 阿特拉津 | 0.003 | 74 | 硼 | 0.5 |
| 66 | 苯并[a]芘 | $2.8 \times 10^{-6}$ | 75 | 锑 | 0.005 |
| 67 | 甲基汞 | $1.0 \times 10^{-6}$ | 76 | 镍 | 0.02 |
| 68 | 多氯联苯⑥ | $2.0 \times 10^{-5}$ | 77 | 钡 | 0.7 |
| 69 | 微囊藻毒素-LR | 0.001 | 78 | 钒 | 0.05 |
| 70 | 黄磷 | 0.003 | 79 | 钛 | 0.1 |
| 71 | 钼 | 0.07 | 80 | 铊 | 0.0001 |

① 二甲苯：指对-二甲苯、间-二甲苯、邻-二甲苯。
② 三氯苯：指1,2,3-三氯苯、1,2,4-三氯苯、1,3,5-三氯苯。
③ 四氯苯：指1,2,3,4-四氯苯、1,2,3,5-四氯苯、1,2,4,5-四氯苯。
④ 二硝基苯：指对-二硝基苯、间-二硝基苯、邻-二硝基苯。
⑤ 硝基氯苯：指对-硝基氯苯、间-硝基氯苯、邻-硝基氯苯。
⑥ 多氯联苯：指 PCB-1016、PCB-1221、PCB-1232、PCB-1242、PCB-1248、PCB-1254、PCB-1260。

## 五、监测项目

监测项目要根据水体被污染情况、水体功能、废（污）水中所含污染物质及客观条件等因素确定。随着科学技术和社会经济的发展，生产、使用化学物质品种不断增加，导致进入水体的污染物质种类繁多。下面介绍我国各类水质标准中要求控制的监测项目，这些项目影响范围广、危害大，已建立了可靠的监测分析方法。

### 1. 地表水监测项目

（1）江、河、湖、库、渠监测项目

《地表水环境质量标准》（GB 3838—2002）及《地表水和污水监测技术规范》（HJ/T 91—2002）中，为满足地表水各类使用功能和生态环境质量要求，将监测项目分为基本项目和选测项目。

基本项目包括水温、pH 值、溶解氧、高锰酸盐指数、化学需氧量、五日生化需氧量、氨氮、总磷、总氮、铜、锌、氟化物、硒、砷、汞、镉、铬（六价）、铅、氰化物、挥发酚、石油类、阴离子表面活性剂、硫化物、类大肠菌群。其具体限值详见表 1-1。

选测项目因地表水类型不同而有差别。河流、湖泊为总有机碳、甲基汞、硝酸盐（湖、库）、亚硝酸盐（湖、库），其他项目根据纳污情况由各级相关环境保护主管部门确定。集中式生活饮用水地表水源地选测项目包括三氯甲烷、四氯化碳、三溴甲烷、二氯甲烷、1,2-二氯乙烷、环氧氯丙烷、氯乙烯、1,1-二氯乙烯、1,2-二氯乙烯、三氯乙烯、四氯乙烯、氯丁二烯、六氯丁二烯、苯乙烯、甲醛、乙醛、丙烯醛、三氯乙醛、苯、甲苯、乙苯、二甲苯、异丙苯、氯苯、1,2-二氯苯、1,4-二氯苯、三氯苯、四氯苯、六氯苯、硝基苯、二硝基苯、2,4-二硝基甲苯、2,4,6-三硝基甲苯、硝基氯苯、2,4-二硝基氯苯、2,4-二氯苯酚、2,4,6-三氯苯酚、五氯酚、苯胺、聚苯胺、丙烯酰胺、丙烯腈、邻苯二甲酸二丁酯、邻苯二甲酸二（2-乙基己基）酯、水合肼、四乙基铅、吡啶、松节油、苦味酸、丁基还原酸、活性氯、滴滴涕、林丹、环氧七氯、对硫磷、甲基对硫磷、马拉硫磷、乐果、敌敌畏、敌百虫、内吸磷、百菌清、甲萘威、溴氰菊酯、阿特拉津、苯并[a]芘、甲基汞、多氯联苯、微囊藻毒素-LR、黄磷、钼、钴、铍、硼、锑、镍、钡、钒、钛、铊。其具体限值详见表1-3。

通常情况下一般地表水水质常规监测项目为水温、pH值、溶解氧、电导率、浊度、高锰酸盐指数、氨氮、总磷、总氮常规九参数。根据不同水质情况进行一些监测项目的增配，如叶绿素、蓝绿藻、金属离子等。

为全面评价地表水水质，还需进行生物学调查和监测（如水生生物群落调查、生产力测定、细菌学检验、毒性及致突变实验等），以及对底质中的污染物质进行监测。

（2）海水监测项目

我国《海水水质标准》（GB 3097—1997）按照海域的不同使用功能和保护目标，将水质分为四类，其监测项目主要为水温、漂浮物、悬浮物、色、臭、味、pH、溶解氧、化学需氧量、五日生化需氧量、汞、镉、铬（六价）、总铬、铜、锌、硒、砷、镍、氰化物、硫化物、活性磷酸盐、无机氮、非离子态氨、挥发酚、石油类、六六六、滴滴涕、马拉硫磷、甲基对硫磷、苯并[a]芘、阴离子表面活性剂、大肠菌群、粪大肠菌群、病原体、放射性核素（$^{60}$Co、$^{90}$Sr、$^{106}$Rn、$^{134}$Cs、$^{137}$Cs）。

### 2. 地下水监测项目

根据我国地下水水质情况、人体健康基准值和地下水质量保护目标，《地下水质量标准》（GB/T 14848—2017）和《地下水环境监测技术规范》（HJ 164—2020）中，将地下水质量分为五类，要求控制的常规监测项目分为必测项目和选测项目共93项，各地区根据本地区地下水功能、污染源特征和地下水环境特殊情况，酌情增加某些选测项目。

地下水常规性检测指标项目为色、臭、味、浑浊度、肉眼可见物、pH、总硬度、溶解性总固体、硫酸盐、氯化物、铁、锰、铜、锌、铝、挥发性酚类（以苯酚计）、阴离子表面活性剂、耗氧量、氨氮、硫化物、钠、总大肠菌群、菌落总数、亚硝酸盐、硝酸盐、氰化物、氟化物、碘化物、汞、砷、硒、镉、六价铬、铅、三氯甲烷、四氯化碳、苯、甲苯、总α放射性、总β放射性。

地下水非常规性检测指标项目为铍、硼、锑、钡、镍、钴、钼、银、铊、二氯甲烷、1,2-二氯乙烷、1,1,1-三氯乙烷、1,1,2-三氯乙烷、1,2-二氯丙烷、三溴甲烷、氯乙烯、1,1-二氯乙烯、1,2-二氯乙烯、三氯乙烯、四氯乙烯、氯苯、邻二氯苯、对二氯苯、三氯苯、乙苯、二甲苯、苯乙烯、2,4-二硝基甲苯、2,6-二硝基甲苯、萘、蒽、荧蒽、苯并荧蒽、苯并芘、多氯联苯、邻苯二甲酸二酯、2,4,6-三氯酚、五氯酚、六六六、滴滴涕、六氯苯、七氯、敌敌畏等。

### 3. 生活饮用水监测项目

生活饮用水常规监测指标分为微生物指标、毒理指标、放射性指标、感官性状和一般化学指标。微生物指标主要有总大肠菌群、耐热大肠菌群、大肠埃希氏菌和菌落总数。毒理指标主要有砷、镉、铬（六价）、铅、汞、硒、氰化物、氟化物、硝酸盐、三氯甲烷、四氯化碳、溴酸盐、甲醛（使用臭氧消毒）、亚氯酸盐（使用二氧化氯消毒）和氯酸盐（使用复合二氧化氯消毒）。放射性指标主要有总 α 放射性和总 β 放射性。感官性状和一般化学指标主要有肉眼可见物、色度、臭、味、浑浊度、pH、总硬度、铝、铁、锰、铜、锌、氯化物、硫酸盐、溶解固体物、耗氧量、挥发酚和阴离子合成洗涤剂。

非常规指标为：贾第鞭毛虫和隐孢子虫（此 2 项为微生物指标）；锑、钡、铍、硼、钼、镍、银、铊、氯化氢、一氯二溴甲烷、二氯一溴甲烷、二氯乙酸、1,2-二氯乙烷、二氯甲烷、三卤甲烷（三氯甲烷、一氯二溴甲烷、二氯一溴甲烷、三溴甲烷的总和）、1,1,1-三氯乙烷、三氯乙酸、三氯乙醛、2,4,6-三氯酚、三溴甲烷、七氯、马拉硫磷、五氯酚、六六六、六氯苯、乐果、对硫磷、灭草松、甲基对硫磷、百菌清、呋喃丹、林丹、毒死蜱、草甘膦、敌敌畏、莠去津、溴氰菊酯、三氯乙烯、四氯乙烯、氯乙烯、苯、甲苯、二甲苯、乙苯、苯乙烯、苯并 [a] 芘、氯苯、1,2-二氯苯、1,4-二氯苯、三氯苯、邻苯二甲酸二（2-乙基己基）酯、丙烯酰胺、六氯丁二烯、滴滴涕、1,1-二氯乙烯、1,2-二氯乙烯、环氧氯丙烷、2,4-二氯苯氧基乙酸（2,4-D）和微囊藻毒素-LR（此 59 项为毒理指标）；氨氮、硫化物和钠（此 3 项为感官性状和一般化学指标）。

### 4. 废（污）水监测项目

不同行业排放的废（污）水监测项目有些是相同的，有些是不同的。适用于矿山开采、有色金属冶炼及加工、焦化石油化工（包括炼制）、合成洗涤剂、制革、发酵及酿造、纤维、制药、农药等工业及电影洗片、城镇二级污水处理厂、医院等行业的《污水综合排放标准》（GB 8978—1996）中将监测项目分为以下两类。

第一类是在车间或车间处理设施排放口采样测定的污染物，包括总汞、烷基汞、总镉、总铬、六价铬、总砷、总铅、总镍、苯并 [a] 芘、总铍、总银、总 α 放射性和总 β 放射性。

第二类是在排污单位排放口采样测定的污染物，包括 pH、色度、悬浮物、五日生化需氧量、化学需氧量、石油类、动植物油类、挥发酚、总氰化物、硫化物、氨氮、氟化物、磷酸盐、甲醛、苯胺类、硝基苯类、阴离子表面活性剂、总铜、总锌、总锰、彩色显影剂、显影剂及氧化物总量、元素磷、有机磷农药、乐果、对硫磷、甲基对硫磷、马拉硫磷、五氯酚及五氯酚钠、可吸附有机卤化物、三氯甲烷、四氯化碳、三氯乙烯、四氯乙烯、苯、甲苯、乙苯、邻二甲苯、对二甲苯、间二甲苯、氯苯、邻二氯苯、对二氯苯、对硝基氯苯、2,4-二硝基氯苯、苯酚、间甲酚、2,4-二氯酚、2,4,6-三氯酚、邻苯二甲酸二丁酯、邻苯二甲酸二辛酯、丙烯腈、总硒、粪大肠菌群、总余氯、总有机碳。

另外，还需要测定废（污）水排放总量及 COD、石油类、氰化物、六价铬、汞、铅、镉和砷等污染物的排放总量。

**5. 其他行业用水水质监测项目**

① 农田灌溉用水　依据《农田灌溉水质标准》（GB 5084—2021），根据农作物的需求情况，将其划分为水作物类、旱作物类、蔬菜类三类用水水质标准，规定了 36 项监测指标。其中 pH、水温、悬浮物、五日生化需氧量、化学需氧量、阴离子表面活性剂、氯化物、硫化物、全盐量、总铅、总砷、总汞、总镉、六价铬、总铬、总大肠菌群和蛔虫卵数 16 项为基本控制项目，氟化物、石油类、氰化物、挥发酚、总铜、总锌、总镍、硒、硼、苯、甲苯、二甲苯、异丙苯、苯胺、三氯乙醛、丙烯醛、氯苯、1,2-二氯苯、1,4-二氯苯和硝基苯 20 项为选测项目。

② 渔业用水　依据《渔业水质标准》（GB 11607—89），适用于鱼虾类的产卵场、索饵场、越冬场、洄游通道和水产增养殖区等海、淡水渔业水域的水质，规定了色臭味、漂浮物质、悬浮物质、pH 值、溶解氧、生化需氧量、总大肠菌群、汞、镉、铅、铬、铜、锌、镍、砷、氰化物、硫化物、氟化物、非离子氨、凯式氮、挥发性酚、黄磷、石油类、丙烯腈、丙烯醛、六六六（丙体）、滴滴涕、马拉硫磷、五氯酚钠、乐果、甲胺磷、甲基对硫磷、呋喃丹 33 项监测指标。

## 六、监测断面的布设

**1. 布设原则**

① 在对调查研究和对有关资料进行综合分析的基础上，根据水域尺度范围，考虑代表性、可控性及经济性等因素，确定监测断面类型和采样点数量，并不断优化，尽可能以最少的断面获取足够的代表性环境信息。

② 有大量废（污）水排入江、河的主要居民区、工业区的上游和下游，支流与干流汇合处，入海河流河口及受潮汐影响的河段，国际河流出入国境线的出入口，湖泊、水库出入口，应设置监测断面。

③ 饮用水源地和流经主要风景游览区、自然保护区、与水质有关的地方病发病区、严重水土流失区及地球化学异常区的水域或河段，应设置监测断面。

④ 监测断面的位置要避开死水区、回水区、排污口处，尽量选择河床稳定、水流平稳、水面宽阔、无浅滩的顺直河段。

⑤ 监测断面应尽可能与水文测量断面一致，以便利用其水文资料。

**2. 河流监测断面的布设**

为评价完整江、河水系的水质，需要设置背景断面、对照断面、控制断面和削减断面；对于某一河段，只需设置对照断面、控制断面和削减（或过境）断面三种断面。

(1) 背景断面

设在基本上未受人类活动影响的河段,用于评价一个完整水系受污染的程度。

(2) 对照断面

为了解流入监测河段前的水体水质状况而设置。这种断面应设在河流进入城市或工业区以前的地方,避开各种废(污)水流入处和回流处。一个河段一般只设一个对照断面。有主要支流时可酌情增加。

(3) 控制断面

为评价监测河段两岸污染源对水体水质影响而设置。控制断面的数目应根据城市的工业布局和排污口分布情况而定,设在排污区(口)下游,废(污)水与江、河基本混匀处。在流经特殊要求地区(如饮用水源地和与其有关的地方病发病区、风景游览区、严重水土流失区及地球化学异常区等)的河段上也应设置控制断面。

(4) 削减断面

削减断面是指河流受纳废(污)水后,经稀释扩散和自净作用,使污染物浓度显著降低的断面,通常设在城市或工业区最后一个排污口下游1500m以外的河段上。

另外,有时为特定的环境管理需要,如定量化考核、监视饮用水源和流域污染源限期达标排放等,还要设置管理断面。

3. 湖泊、水库监测垂线(或断面)的布设

湖泊、水库通常只设监测垂线,当水体复杂时,可参照河流的有关规定设置监测断面。

① 在湖(库)的不同水域,如进水区、出水区、深水区、浅水区、湖心区、岸边区,按照水体类别和功能设置监测垂线。

② 湖(库)区若无明显功能区别,可用网格法均匀设置监测垂线,其垂线数根据湖(库)面积、湖内形成环流的水团数及入湖(库)河流数等因素酌情确定。

③ 受污染物影响较大的重要湖泊、水库,在污染物主要输送路线上设置控制断面。

## 第二节 水质常规五参数在线监测

### 一、pH 在线分析仪

pH 是最常用的水质指标之一。天然水的 pH 值多为 6~9;饮用水 pH 值要求在 6.5~8.5;工业用水的 pH 值必须保持在 7.0~8.5,以防止金属设备和管道被腐蚀。此外,pH 在废(污)水生化处理、评价有毒物质的毒性等方面也具有指导意义。

pH 和酸度、碱度既有联系又有区别。pH 表示水的酸碱性强弱,而酸度或碱度是水中所含酸性或碱性物质的含量。

测定 pH 的方法有比色法和玻璃电极法（电位法）。一般 pH 在线分析仪都采用玻璃电极法，电极外观如图 1-1 所示。

pH 在线分析仪外形示意图如图 1-2 所示。传感器信号共 4 根线，分别对应棕色接 12～24V（直流电，DC），黑色接 GND，橙色接 485A，蓝色接 485B。默认通信参数是 ID-1，9600，8，None，1。

### 1. 监测原理

玻璃电极法（电位法）测定 pH 是以 pH 玻璃电极为指示电极，以饱和甘汞电极或银-氯化银电极为参比电极，将二者与被测溶液组成原电池，测出其电动势，从而求出被测溶液的 pH 值。

图 1-1　pH 在线分析仪电极

图 1-2　pH 在线分析仪外形示意图

### 2. 技术指标

pH 技术指标行业标准［《pH 水质自动分析仪技术要求》（HJ/T 96—2003）］参数详见表 1-4。

表 1-4　pH 相关指标技术要求

| 技术项目 | pH 指标要求 | 技术项目 | pH 指标要求 |
| --- | --- | --- | --- |
| 测量范围 | 0～14pH | 响应时间 | 0.5min 以内 |
| 重复性 | ±0.1pH 以内 | 温度补偿精度 | ±0.1pH 以内 |
| 漂移(pH=9) | ±0.1pH 以内 | 电压稳定性 | 指示值的变动在±0.1pH 以内 |
| 漂移(pH=7) | ±0.1pH 以内 | 实际水样比对试验 | ±0.1pH 以内 |
| 漂移(pH=4) | ±0.1pH 以内 | | |

### 3. 传感器使用与维护保养

（1）pH 玻璃电极的贮存

pH 玻璃电极在贮存的时候不可干放保存，需保存在饱和氯化钾溶液中。

（2）pH 玻璃电极的清洗

玻璃电极球泡受污染可能使传感器响应时间加长，可用皂液揩去污物，然后浸入饱和氯化钾溶液中 24h 后继续使用。污染严重时，可用 5%盐酸溶液浸 5min，立即用水冲洗干净，然后浸入饱和氯化钾溶液一昼夜后继续使用。

(3) 玻璃电极老化的处理

玻璃电极的老化与胶层结构渐进变化有关。旧电极响应迟缓，膜电阻高，斜率低。用氢氟酸浸蚀掉外层胶层，经常能改善电极性能。

## 二、浊度在线分析仪

浊度是反映水中的不溶性物质对光线透过时阻碍程度的指标，通常仅用于天然水和饮用水，而废（污）水中不溶性物质含量高，一般要求测定悬浮物。

国技仪器浊度在线分析仪采用的是 RS-485 通信接口和标准 Modbus 协议的浊度数字式传感器。耐腐蚀性壳体为 IP68 防护等级，适用于各种恶劣的工作环境；使用红外 LED（发光二极管）作光源，不受水样色度影响，采用 90°散射方法，符合 NFEN872、NFT901052 标准；数字调制滤波技术，消除环境光影响；气泡补偿算法，降低水样中气泡干扰；长寿命红外 LED 光源，长达 10 年以上；高中低量程自动切换，提升量测精度；RS-485 通信接口，标准 Modbus 协议，便于集成。

1. 监测原理

浊度在线分析仪采用 90°散射光原理。由光源发出的平行光束通过溶液时，一部分被吸收和散射，另一部分透过溶液。与入射光呈 90°方向的散射光强度符合雷莱公式：

$$I_s = (KNV^2/\lambda) \times I_0$$

式中，$I_0$ 为入射光强度；$I_s$ 为散射光强度；$N$ 为单位溶液微粒数；$V$ 为微粒体积；$\lambda$ 为入射光波长；$K$ 为系数。

在入射光恒定的条件下，在一定浊度范围内，散射光强度与溶液的浑浊度成正比。上式可表示为：

$$I_s/I_0 = K'N$$

式中，$K'$ 为常数。

根据这一公式，可以通过测量水样中微粒的散射光强度来测量水样的浊度。

水中含有泥土、粉尘、细微有机物、其他微生物和胶体物可使水体呈现浊度。传感器上发射器发送的光波在传输过程中经过被测物的吸收、反射和散射后，有一部分透射光线能照射到 180°方向的检测器上，有一部分散射光散射到 90°方向的检测器上。在 180°和 90°方向检测器上接收到的光线强度与被测污水的浊度有一定的关系，因此通过测量透射光和散射光的强度就可以计算出污水的浊度。

2. 技术指标

浊度技术指标行业标准［《浊度水质自动分析仪技术要求》（HJ/T 98—2003）］参数详见表 1-5。

表 1-5 浊度相关指标技术要求

| 技术项目 | 浊度指标要求 | 技术项目 | 浊度指标要求 |
| --- | --- | --- | --- |
| 测量范围 | 0～4000NTU | 量程漂移 | ±5% |
| 重复性误差 | ±5% | 线性误差 | ±5% |
| 零点漂移 | ±3% | 电压稳定性 | ±3% |

#### 3. 传感器使用与维护保养

（1）浊度传感器的清洗

浊度传感器采用90°斜面设计，不易附着污染物，定期用清水冲洗即可。

（2）浊度传感器的标定

为保证测量准确，需定期进行校正。校正时需先清洗干净传感器，在纯水中校正传感器零点，再按照所需测量量程的80%浊度值作为第二点校正。

（3）浊度传感器的保存

传感器保存前需清洗干净，不留残水；传感器应保存在干燥的环境中。

### 三、电导率在线分析仪

水的电导率与其所含无机酸、碱、盐的量有一定的关系。当它们的浓度较低时，电导率随浓度的增大而增加。因此，该指标常用于推测水中离子的总浓度或含盐量。不同类型的水有不同的电导率，如：新鲜蒸馏水的电导率为 $0.5\sim2\mu S/cm$，放置一段时间后，因吸收了 $CO_2$，则增加到 $2\sim4\mu S/cm$；超纯水的电导率小于 $0.1\mu S/cm$；天然水的电导率多为 $50\sim500\mu S/cm$；矿化水的电导率可达 $500\sim1000\mu S/cm$；含酸、碱、盐的工业废水的电导率往往超过 $10000\mu S/cm$；海水的电导率约为 $30000\mu S/cm$。

国技仪器电导率在线分析仪采用的是 RS-485 通信接口和标准 Modbus 协议的电导率数字式传感器。耐腐蚀性壳体为 IP68 防护等级，适用于各种恶劣的工作环境；选用工业级石墨材质四极式电极，适用于满量程电导率的测量；电极常数非常稳定，不受极化影响；自动补充表面接触电阻，不受污染影响；内置PT1000温度传感器及补偿算法，精度达±0.1℃；RS-485 通信接口，标准 Modbus 协议，便于集成。

#### 1. 监测原理

电导率分析仪的测量原理是将两块平行的极板放到被测溶液中，在极板的两端加上一定的电势（通常为正弦波电压），然后测量极板间流过的电流。根据欧姆定律，电导率（$G$）为电阻（$R$）的倒数，是由导体本身决定的。电导率的基本单位是西门子（$S$），原来被称为欧姆。因为电导池的几何形状影响电导率值，标准的测量中用单位电导率 $S/cm$ 来表示，以补偿各种电极尺寸造成的差别。单位电导率（$C$）简单地说是所测电导率（$G$）与电导池常数（$L/A$）的乘积，这里的 $L$ 为两块极板之间的液柱长度，$A$ 为极板的面积。

### 2. 技术指标

电导率技术指标行业标准[《电导率水质自动分析仪技术要求》（HJ/T 97—2003）]参数详见表1-6。

表1-6 电导率相关指标技术要求

| 技术项目 | 电导率指标要求 | 技术项目 | 电导率指标要求 |
| --- | --- | --- | --- |
| 测量范围 | 0～200000μS/cm | 响应时间 | 0.5min |
| 重复性误差 | ±1% | 温度补偿精度 | ±1% |
| 零点漂移 | ±1% | 电压稳定性 | 指示值的变动在±1%以内 |
| 量程漂移 | ±1% | 实际水样比对试验 | ±1% |

### 3. 传感器使用与维护保养

（1）浊度传感器的清洗

可以用含有洗涤剂的温水清洗电极上有机污垢，也可以用酒精清洗；钙、镁沉淀物最好用10%柠檬酸清洗；只能用化学方法清洗，机械清洗时会破坏镀在电极表面的镀层。

（2）电导率传感器的标定

为了保证电导率测量准确，需定期对电极常数进行标定。为确保测量准确，传感器使用前应用<0.5μS/cm的去离子水（或蒸馏水）冲洗二次，然后用被测水样冲洗才可使用。

（3）电导率传感器的保存

传感器保存前需清洗干净，不留残水；传感器应保存在干燥的环境中。

## 四、溶解氧在线分析仪

溶解于水中的分子态氧称为溶解氧。水中溶解氧的含量与大气压、水温及含盐量等因素有关。大气压下降、水温升高、含盐量增加，都会导致溶解氧含量降低。清洁地表水中溶解氧含量接近饱和。当有大量藻类繁殖时，溶解氧可过饱。当水体受到有机物质、无机还原性物质污染时，溶解氧含量降低，甚至趋于零，此时厌氧微生物繁殖活跃，水质恶化。水中溶解氧低于3～4mg/L时，许多鱼类呼吸困难；继续减少，则会窒息死亡。一般规定水体中的溶解氧在4mg/L以上。在废（污）水生化处理过程中，溶解氧也是一项重要的控制指标。

国技仪器溶解氧在线分析仪采用的是RS-485通信接口和标准Modbus协议的溶解氧数字式传感器。耐腐蚀性壳体为IP68防护等级，适用于各种恶劣的工作环境；采用光学法，无须更换溶氧膜，无电解液设计，极化时间短，响应时间快，测量几乎不受污垢和流速影响；传感器漂移小，直接在空气中标定，无须零点标定；内置NTC22K温度补偿，精度可达0.1℃；RS-485通信接口，标准Modbus协议，便于集成。

### 1. 监测原理

在线溶解氧分析仪采用荧光法测量溶解氧，传感器顶端覆盖了一层荧光物质，当传感器发出的蓝光照射到荧光物质时，荧光物质受到激发发出红光，由于氧分子可以带走能量（猝熄效应），所以激发红光的时间和强度与氧分子的浓度成反比，通过计算可得出水中溶解氧的浓度。

### 2. 技术指标

溶解氧技术指标行业标准［《溶解氧（DO）水质自动分析仪技术要求》（HJ/T 99—2003）］参数详见表1-7。

表1-7 溶解氧相关指标技术要求

| 技术项目 | 溶解氧指标要求 | 技术项目 | 溶解氧指标要求 |
| --- | --- | --- | --- |
| 测量范围 | 0～20mg/L | 响应时间 | 2min以内 |
| 重复性误差 | ±0.3mg/L | 温度补偿精度 | ±0.3mg/L |
| 零点漂移 | ±0.3mg/L | 电压稳定性 | 指示值的变动在±0.3mg/L以内 |
| 量程漂移 | ±0.3mg/L | 实际水样比对试验 | ±0.3mg/L |

### 3. 传感器使用与维护保养

（1）溶解氧传感器的清洗

可以用清水清洗传感器膜头，不可用化学药剂或物理方法清洗传感器。

（2）溶解氧传感器的标定

为了保证溶解氧的测量准确，需定期对传感器进行饱和校正。校正时需清洗干净传感器，并将水渍吸干，将传感器置于背风处或饱和溶氧水中，等待测值稳定即可进行饱和度校正。传感器零点漂移极小，一般不需要进行零点校正。

（3）溶解氧传感器的保存

传感器保存前需清洗干净，不留残水；传感器应保存在干燥的环境中。

## 五、温度在线分析仪

温度在线分析仪和溶解氧在线分析仪共用一个检测电极探头。

## 第三节 氨氮在线监测

### 一、氨氮

氨氮（$NH_3$-N）是指以氨或铵离子形式存在的化合氮，即水中以游离氨（$NH_3$）

和铵离子（$NH_4^+$）形式存在的氮。氨氮是水体中的营养素，可导致水体富营养化现象的产生，是水体中的主要耗氧污染物，对鱼类及某些水生生物有毒害。

## 二、仪器简介

AM-4020 型氨氮水质在线分析仪外观如图 1-3 所示。该仪器包含 HMI 触控显示模块、消解比色模块、电路控制组件、进样定量组件和预处理模块等。

图 1-3　氨氮水质在线分析仪外观

## 三、监测原理

AM-4020 型氨氮水质在线分析仪是一款基于水杨酸法检测水样氨氮的在线检测仪器。仪器采用光电比色法原理，在催化剂作用下，待测水样中 $NH_4^+$ 在碱性介质中与次氯酸根离子和水杨酸盐离子反应，生成靛酚化合物，并呈绿色。其颜色改变程度和样品中的 $NH_4^+$ 浓度成正比。该络合物溶液在 700nm 波长光源处有最大吸收，采用光电检测器检测被吸收光的强度，应用朗伯-比尔定律，求出水样中氨氮浓度。

## 四、仪器特点

① 具有抗浊度功能，排除浊度对氨氮检测结果的干扰。
② 具有标样核查功能，可手动或自动触发启动标样核查。
③ 仪器需具备自动质控功能，包括但不限于自动零点核查、自动跨度核查、自动校零校标等。
④ 具有异常报警功能，如无试剂、无水样、消解异常、测量超标等异常报警。
⑤ 系统采用彩色触摸显示屏，界面友好，操作简便。
⑥ 监测分析方法符合国家标准方法，保证了监测数据的准确性、有效性。
⑦ 自主开发的光电检测技术，有效去除杂散光的干扰。
⑧ 双光路检测技术，消除环境及本底干扰。
⑨ 试剂消耗量低至每种约 0.5mL/次，减少废液的二次污染。
⑩ 仪器采用废水和废液分离技术，废水不需要处理可直接排放，废液量较少。

## 五、技术指标

AM-4020 型氨氮水质在线分析仪的所有技术参数性能指标均满足或优于行业标准（部分行业标准如表 1-8 所示）。

## 六、应用领域

AM-4020 型氨氮在线分析仪适用于市政污水、饮用水、地表水及工业排水等领域的氨氮在线监测。

表 1-8 氨氮技术指标（行业标准）

| 技术项目 | | 技术指标 |
| --- | --- | --- |
| 测量范围 | | 0～10mg/L |
| 示值误差 | ≤2mg/L | ±0.2mg/L |
| | >2mg/L | ±10% |
| 重复性 | | ≤3% |
| 稳定性 | | 24h内不超过±10% |
| 绝缘阻抗 | | ≥20MΩ |
| 泄漏电流 | | ≤5mA |

## 七、仪器操作

1. 仪器内部

仪器内部结构如图 1-4 所示。

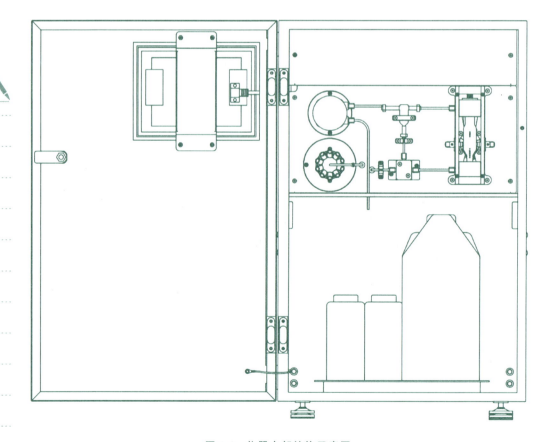

图 1-4 仪器内部结构示意图

2. 操作面板

（1）系统功能结构

功能结构流程如图 1-5 所示。

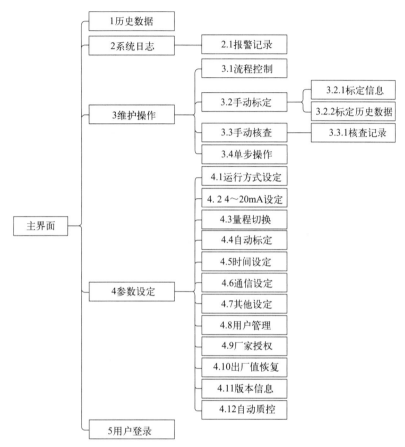

图 1-5　功能结构流程

（2）主界面

仪器开启，显示屏系统加载完成后，自动进入水质在线分析仪软件首页，点击首页任意位置进入主界面，进行用户登录，默认用户权限为普通用户，可查看主界面全部参数内容，如图 1-6 所示。

主界面相关内容说明如下。

① 采样时间：显示最近一次水样测量的数据时间。

② 氨氮测量值：显示最近一次水样测量的测量值。

③ 当前量程：显示当前测量的量程范围。

④ 消解杯温度：显示消解罐中液体的实时温度。

⑤ 吸收光电压：显示光源穿过消解罐后接收到的光电压。

⑥ 参比光电压：显示消解罐中实时参比光电压。

⑦ 高液位信号：显示计量模块的实时高液位信号值。

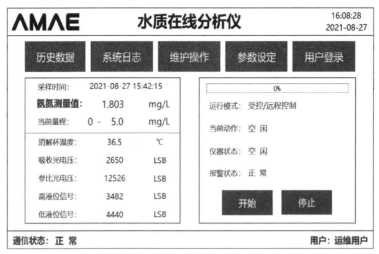

图 1-6 主菜单画面

⑧ 低液位信号：显示计量模块的实时低液位信号值。

⑨ 进度条：显示当前测试流程进行的百分比。

⑩ 运行模式：显示当前运行模式，有远程受控、整点、间隔模式。

⑪ 当前动作：显示当前仪器进行的动作。

⑫ 仪器状态：显示当前仪器运行状态，如空闲、水样测试中、维护中等。

⑬ 报警状态：显示仪器当前报警内容。

⑭ 开始按钮：空闲状态下，可开始启动一次水样测试。

⑮ 停止按钮：可停止当前测试流程。

⑯ 通信状态：显示当前通信状态。

⑰ 当前用户：显示当前登录的用户。

3. 启动与关闭

（1）启动前须知

启动仪器前，请检查是否已正确安装仪器（配线、管路）。

（2）启动与关闭

① 启动  打开仪器右侧面的电源开关。显示屏系统自动加载。加载完成后进入首页，如图 1-7 所示。

② 关闭

a. 正常停止：关闭电源开关。

b. 长时间停用：长时间停用仪器时，需清洗仪器内部，并进行除水处理。

③ 紧急关闭  当仪器发生异常现象，如发出异常声响或异味时，关闭电源开关。重新启动前务必对仪器进行检查。发现异常后，联系专业技术工程师。

4. 测量

（1）标定

① 手动标定  点击主界面维护操作，再点击手动标定，进入标定界面，如图 1-8

图 1-7　仪器首页画面

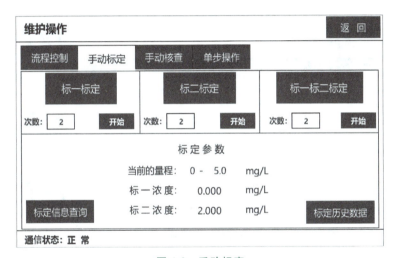

图 1-8　手动标定

所示，输入标定次数，点击开始。

② 标定信息查询　点击手动标定页面标定信息查询，默认进入量程一标定信息页面，如图 1-9 所示，也可点击量程二或量程三查看相关标定信息。

③ 标定历史数据　点击手动标定页面标定历史数据，进入标定历史数据页面，如图 1-10 所示，可查看标定历史数据相关信息。

（2）核查

① 手动核查　点击维护操作界面手动核查，进入手动核查界面，如图 1-11 所示，可进行标一核准、标二核准、标一标二核准、待测液核准、质控样核准。

② 核查记录　点击手动核查页面核查记录，进入核查记录页面，如图 1-12 所示，可查看历史的核查记录。

（3）历史数据

① 历史数据查看　点击主界面历史数据，进入历史数据界面，普通用户可查看历史数据测量时间、测量值等相关参数，如图 1-13 所示。

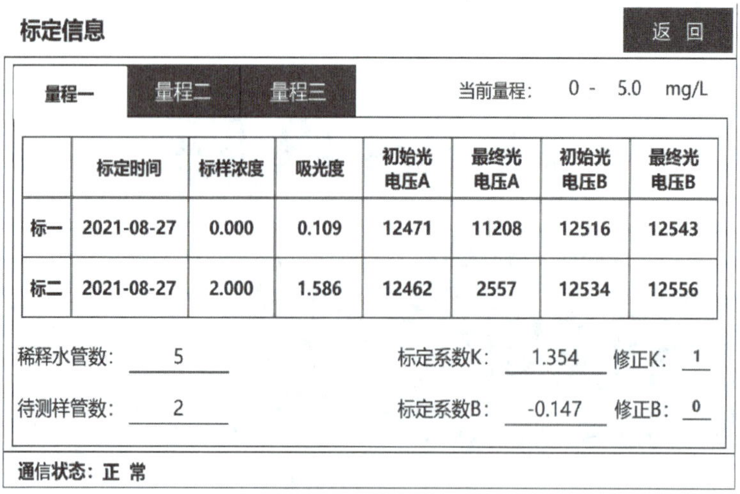

标定信息
返 回
量程一
量程二
量程三
当前量程: 0 - 5.0 mg/L
标定时间 | 标样浓度 | 吸光度 | 初始光电压A | 最终光电压A | 初始光电压B | 最终光电压B
标一 | 2021-08-27 | 0.000 | 0.109 | 12471 | 11208 | 12516 | 12543
标二 | 2021-08-27 | 2.000 | 1.586 | 12462 | 2557 | 12534 | 12556
稀释水管数: 5
标定系数K: 1.354
修正K: 1
待测样管数: 2
标定系数B: -0.147
修正B: 0
通信状态: 正 常

图 1-9 标定信息

标定历史数据
返 回
序号 | 时间 | 标液值 | A初光电压 | A终光电压 | B初光电压 | B终光电压 | 标定类
1 | 2021-08-27 15:42 | 1.80 mg/L | 12464 | 2892 | 12507 | 12524 | 标二标定
2 | 2021-08-27 15:41 | 1.80 mg/L | 12464 | 2892 | 12507 | 12524 | 标一标定
上一页
下一页
通信状态: 正 常

图 1-10 标定历史数据

维护操作
返 回
流程控制
手动标定
手动核查
单步操作
标一核准
标二核准
标一标二核准
待测液核准
质控样核准
最后核准时间: 2021-08-27 15:41
核查测量值: 1.803mg/L
核查记录
通信状态: 正 常

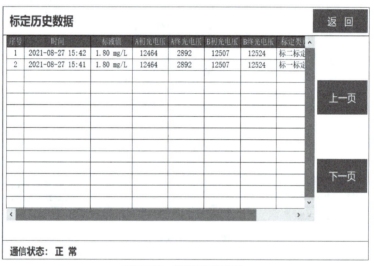

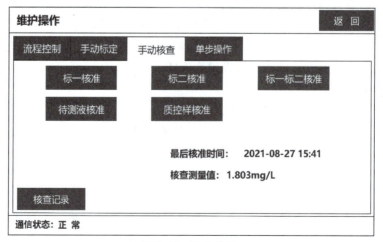

图 1-11 手动核查

图 1-12 核查记录

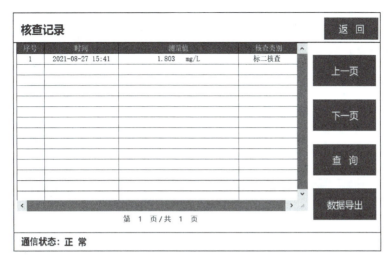

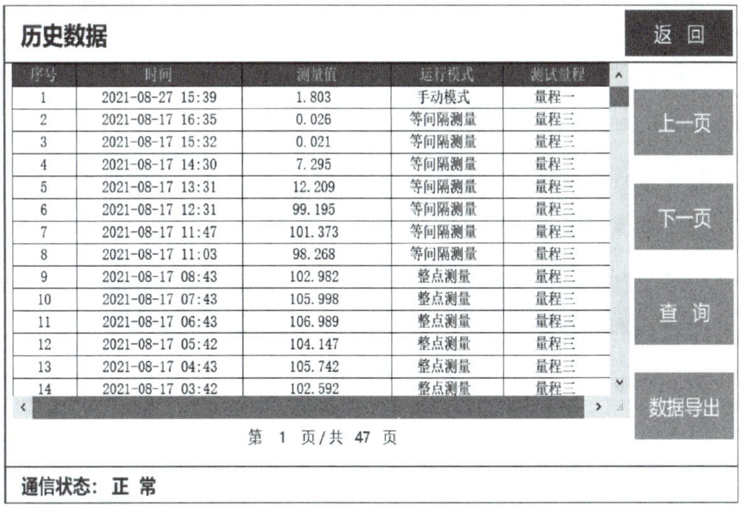

图 1-13 历史数据 1

运维用户或管理员用户可查看或导出历史数据的测量时间、测量值、吸光度等相关参数，如图 1-14 所示。

② 数据导出 进入历史数据—核查或标定历史数据界面，点击数据导出，如图 1-15 所示。左侧可选择指定起始时间，部分导出数据。可设置最大导出条数，默认 20000 条；可设置导出模式，默认为 1（覆盖现有文件），还可以选 2（追加到文件最后）。右侧上方显示每次导出数据条数及导出数据状态。右侧下方可选择数据全部导出文件，可设置导出文件名。

（4）系统日志

① 运行日志 点击主界面系统日志，可查看系统运行日志记录，如图 1-16 所示。

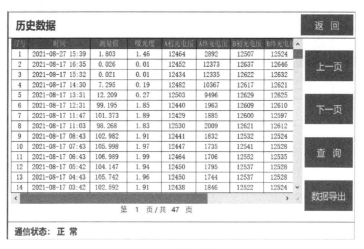

图 1-14 历史数据 2

图 1-15 数据导出

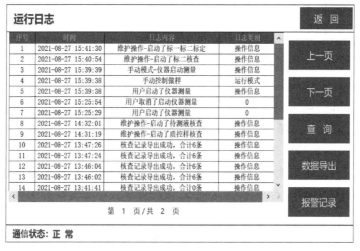

图 1-16 运行日志

② 报警记录　点击图 1-16 右下方报警记录，可查看仪器运行报警记录，如图 1-17 所示。报警重置按钮可清空当前报警记录数据。

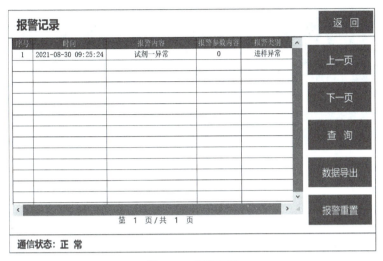

图 1-17　报警记录

5. 参数设定

本部分对运行方式设定、量程切换、时间设定、通信设定、其他设定等进行说明。点击主界面参数设定，如图 1-18 所示。

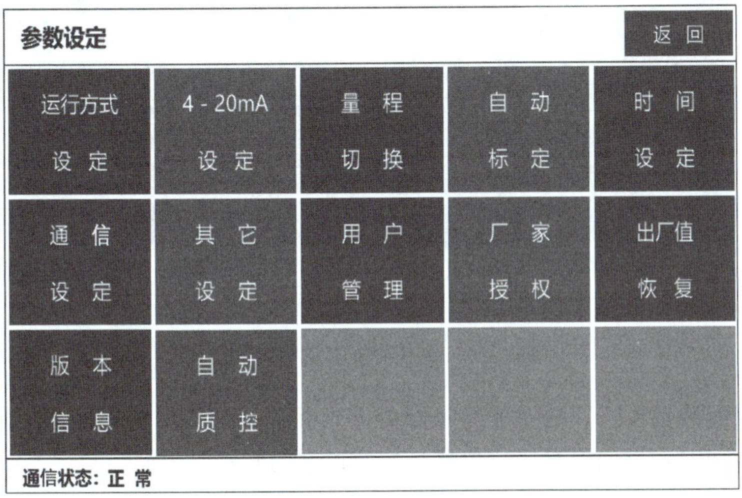

图 1-18　参数设定

（1）运行方式设定

点击运行方式设定，如图 1-19 所示。可设置仪器的运行方式，包括远程控制模式、整点测量模式、等间隔测量模式。运行方式设定完毕后，点击返回按钮会弹出是否保存按钮，确定保存运行方式。

① 远程控制模式　设置远程控制模式后，仪器接受外部基站或数采仪反控，上

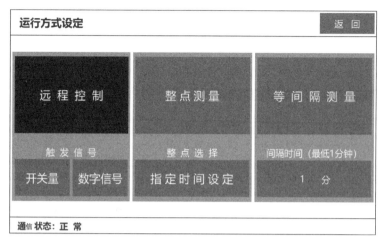

图 1-19 运行方式设定

位机可控制仪器水样测试、零点核查、跨度核查等反控功能。

② 整点测量模式　选择整点测量模式后，可点击指定时间设定，进入指定时间设定界面，如图 1-20 所示。先选定要测量的整点时间，然后返回到运行方式设定界面，最后再点击返回，在弹出窗口中点击保存设置，仪器将在选定的整点启动测量。

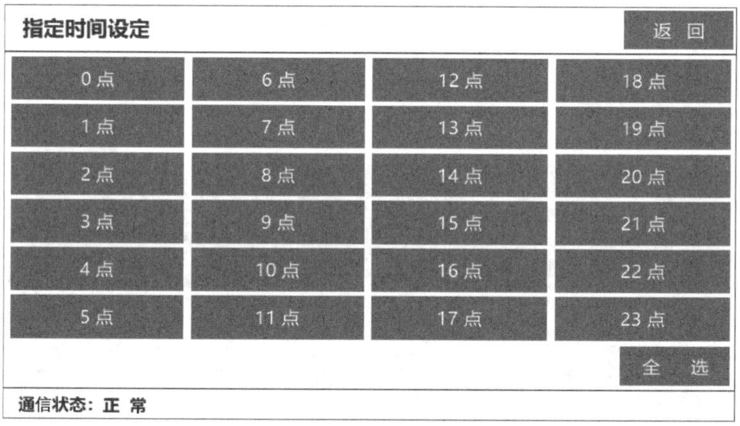

图 1-20　整点测量指定时间设定

③ 等间隔测量模式　选择等间隔测量模式并设置间隔时间，间隔时间单位为分钟，且最低 1min，返回保存后，仪器将按照设定的间隔时间循环测试。

(2) 4～20mA 设定

点击 4～20mA 设定，如图 1-21 所示。模式选为线性，类型可以选择 4～20mA 或 0～20mA，电流的上限和下限分别对应量程的上下限，设置好量程上下限即可使用。

(3) 量程切换

点击量程切换，如图 1-22 所示。可根据量程需要选择切换三个不同的量程，再点击应用设置。该页面还可点击取消设置按钮撤销上一步操作，点击返回按钮会弹出

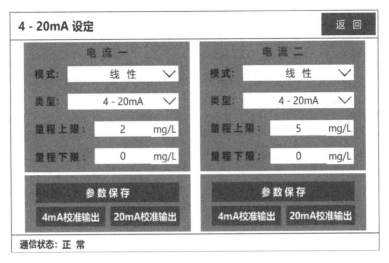

图 1-21　4～20mA 设定

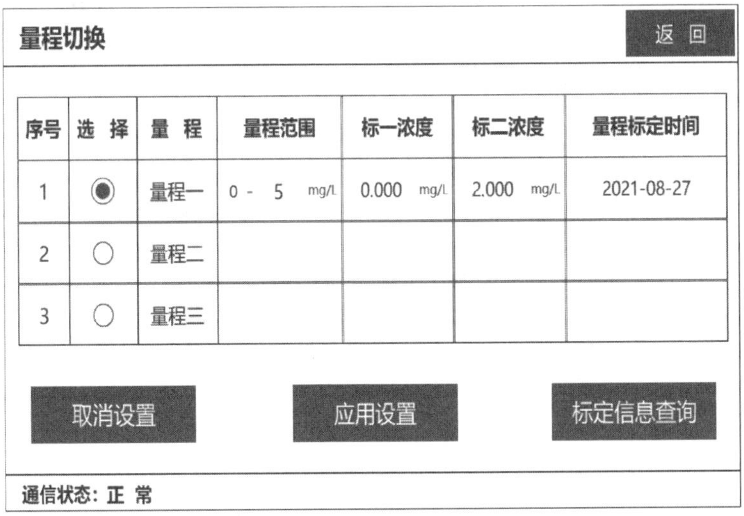

图 1-22　量程切换

保存提示框，点击确定可保存设置。

（4）自动标定

点击自动标定，如图 1-23 所示。自动标定可选择标一标定、标二标定或标一标二标定，标定频次可每周标定一次，或每月标定一或二次。设置标定时间后，点击启用，仪器即可在指定时间进行自动标定工作。

（5）时间设定

点击时间设定，如图 1-24 所示，修改日期或时间后，点击确定可修改系统时间。

（6）通信设定

点击通信设定，如图 1-25 所示，选择设定好协议种类、从机地址、停止位、波特率、校验位后，保存通信参数，可对外通信。通信参数相关说明见表 1-9。

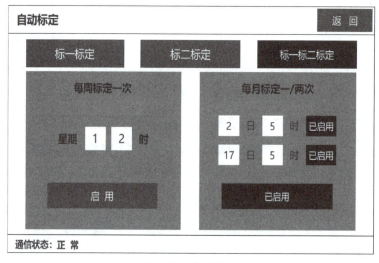

图 1-23 自动标定

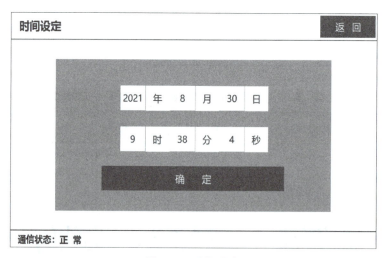

图 1-24 时间设定

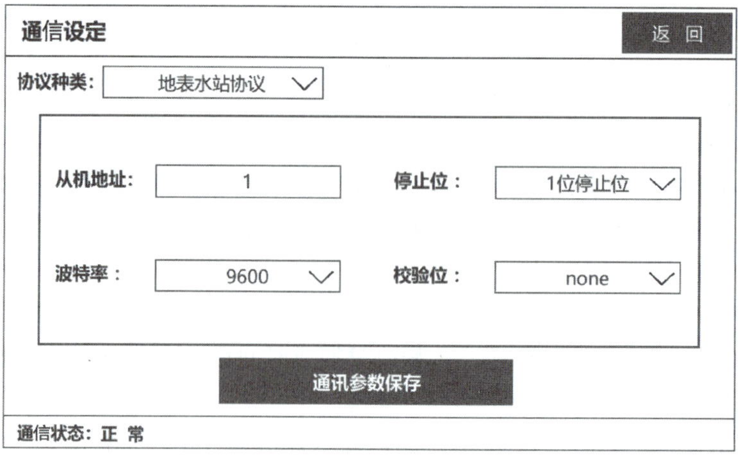

图 1-25 通信设定

表 1-9　通信参数相关说明

| 项目 | 说　明 |
| --- | --- |
| 协议种类 | 包括污染源协议、地表水站协议、动态管控协议 |
| 从机地址 | 从机地址码,可作为主机通信的唯一识别码 |
| 波特率 | 串口通信时的速率,默认 9600 |
| 停止位 | 表示单个数据包的最后一位,默认 1 位停止位 |
| 校验位 | 串口通信中的检错方式,可设置为 none |

（7）其他设定

点击其他设定，如图 1-26 所示，可查看或设置 LED 驱动电流、查看当前消解参数、开启或关闭浊度补偿等。

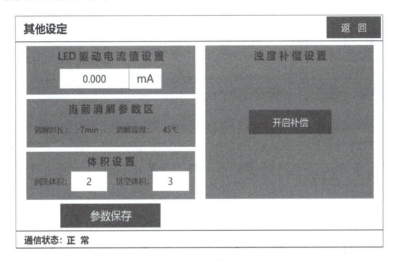

图 1-26　其他设定

（8）用户管理

点击用户管理，如图 1-27 所示，可进行用户密码修改、用户权限保持时间修改。

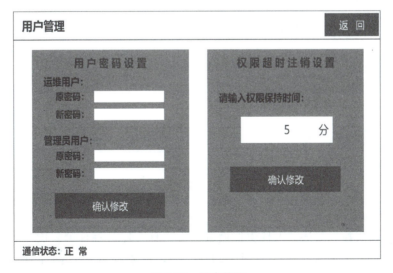

图 1-27　用户管理

用户登录后，当时间到达设定的权限保持时间后，将自动退出登录，变为普通用户权限。

（9）出厂值恢复

点击出厂值恢复，如图 1-28 所示，用户输入特定复位码后仪器恢复出厂设置。

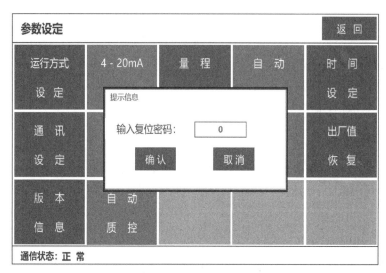

图 1-28　出厂值恢复

（10）版本信息

点击版本信息，如图 1-29 所示，可查看软件版本信息、固件版本号、固件版本日期。

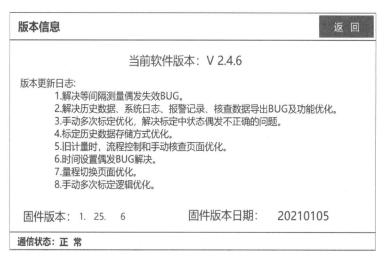

图 1-29　版本信息

（11）自动质控

点击自动质控，默认进入日质控设置界面。日质控可每日测 4 次（如图 1-30 所示），周质控可每周测 4 次（如图 1-31 所示），月质控可每月测 4 次（如图 1-32 所示）。

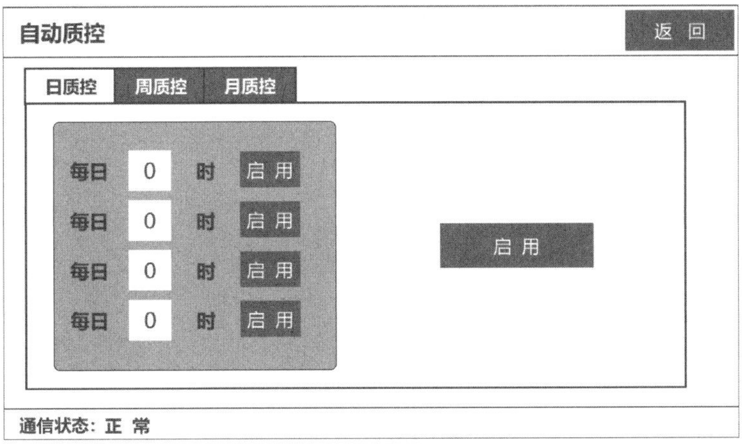

图 1-30　日质控

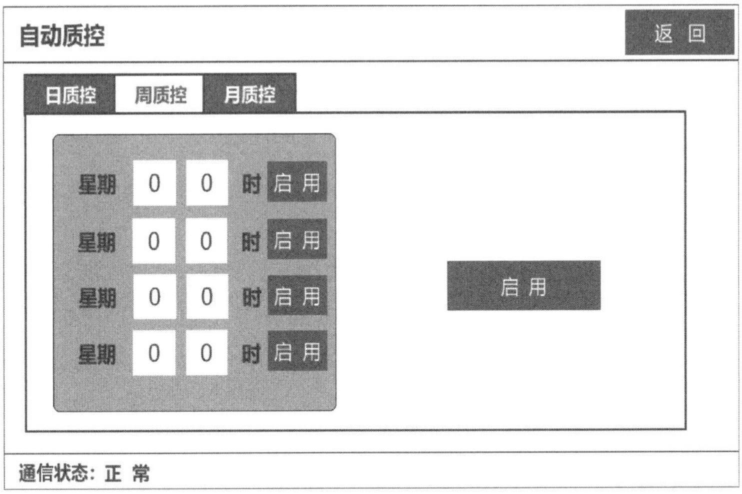

图 1-31　周质控

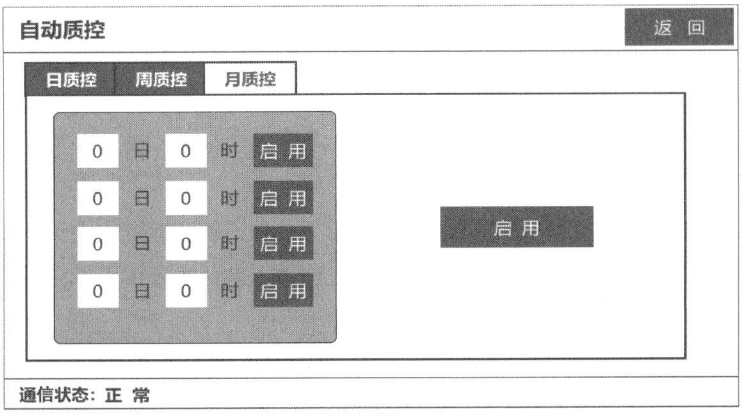

图 1-32　月质控

## 八、设备安装调试

### 1. 安装环境

（1）安装环境的要求

① 独立监测站房，面积不小于 $15m^2$。

② 提供的电力负荷不小于 5kW，工作电压为单相（220±22）V，频率为（50±0.5）Hz，应配置有稳压电源。

③ 安装位置应靠近监测点，距离不大于 50m。

④ 远离产生强磁场、电场、高频率的机器。

⑤ 设备工作环境温度 5～40℃，相对湿度≤80%。

⑥ 在线监测仪器的各种电缆和管路应加保护管，保护管应在地下铺设或空中架设，空中架设的电缆应附着在牢固的桥架上，并在电缆、管路以及电缆和管路的两端设立明显标识。电缆线路的施工应满足国家相关要求。

⑦ 各仪器应落地或壁挂式安装，有必要的防震措施，保证设备安装牢固稳定。在仪器周围应留有足够空间，方便仪器维护。其他要求参照仪器说明书相关内容，应满足国家相关要求。

⑧ 必要时（如南方的雷电多发区），仪器和电源应设置防雷设施。

（2）安装环境的确认

① 核查仪器安装的电气环境

a. 供电电源的电压为交流（AC）（220±22）V；频率为（50±0.5）Hz；功率＞5kW（如室内安装有空调或其他超过 100W 功率的设备，需另加上这些设备的功率）。

b. 电气环境配置有稳压器，且接地良好，请用电工笔逐一检测插座地线、仪器机柜等设备的接地柱是否接地良好。

c. 站房（或邻近建筑）安装有防雷措施，可保护仪器免受雷击破坏。

d. 推荐使用 UPS 不间断电源，以保证在意外断电的情况下仪器仍能工作 2～4h。

② 选择安装位置

a. 本仪器设计用于室内运行，因此，应安装在平整、干燥、通风、易于进行温度控制的室内墙面上。

b. 具体位置的选择应遵循以下原则，以保证仪器的测量精度，提高仪器运行稳定性。

ⅰ. 选择尽可能靠近排污水渠的位置安装，以减少采水泵采水时间。

ⅱ. 仪器应尽量靠近采水采样器装置安装，以减少取样管的长度，并保证取样管平直通顺，无折叠或卷曲。

ⅲ. 仪器的四周应各预留大于 0.5m 的空间，以方便日常维护。

ⅳ. 仪器安装位置的环境温度应控制在 0～40℃范围内。

ⅴ. 安装地点应保持干燥，避免阳光直接照射。

ⅵ. 安装地点应远离厂区内常有地面震动的区域（如大型电机、冲压设备、载重货车经常经过的马路等）。

### 2. 辅材安装

（1）泵的安装与连接

从采样点给仪器输送水样的水泵，其功率应以使被测水体输送到仪器处的流量不小于50L/min，不大于200L/min为宜，通常选用350～550W的水泵。另外，还应根据水样的腐蚀性考虑是否选用耐腐蚀泵。

（2）泵和管路的布置

采样点至仪器安装处应预先安装好水泵、穿线管、水样进水管和出水管，如图1-33所示，连接的管道应根据具体情况选用硬聚氯乙烯塑料、ABS（丙烯腈-丁二烯-苯乙烯共聚物）工程塑料或钢（在水质具酸碱性的地方不能用金属管材）、不锈钢等材质的硬质管材。为了方便与仪器设备连接，建议管道最好采用硬质PVC（聚氯乙烯）管。

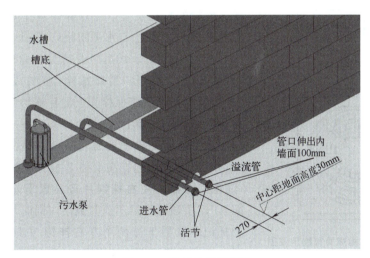

图1-33　管路安装示意图

（3）安装要求

放置仪器的地面应高于水槽壁，管道从仪器到水槽应有一个向下的坡度，尽量减少管道弯头数量，且管道中途不应有凹凸不平的地方，避免管道中存水，以利于进水管道的排空和冬季防冻。

管道的安装过程要十分仔细，安装好的管道内要干净，不得有直径大于2mm的杂物，以免损坏污水泵或堵塞管道。管道口在仪器安装前应使用干净物品堵好，以免杂物进入。

潜水泵安置处水流应为层流态，所抽吸水体应不呈气溶胶状（即水中含有大量气泡）。气溶胶进入仪器将导致测量结果不准确或使仪器处于报警状态。明渠排水系统中产生气溶胶主要是由于潜水泵放置处水流从高处跌落，裹挟大量气泡进入水体。

若使用潜水泵，需在潜水泵原有的滤网罩外部裹上一层不锈钢过滤网，滤孔的直径为 1.0~2.0mm。预安装好的管道应将各端口封好，以免颗粒状杂物进入。

潜水泵及进水口应方便维护，从而保证遇到诸如较大薄膜之类物品包裹水泵时便于去除。

(4) 污水泵电器的连接方法

本仪器右侧面设有水泵控制接口，可通过水泵控制箱控制水泵。

### 3. 电路连接

仪器的电路连接主要为电源线和水泵控制线的连接，详细说明如图 1-34 所示。

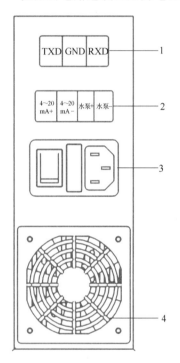

图 1-34 机柜侧面接线示意图

1—数字通信接口；2—采水泵控制接口、4~20mA 输出接口；3—仪器电源接入口，AC22V；4—机柜散热风扇

### 4. 仪器安装

AM-4000 系列安装方式为壁挂式安装或机柜式安装。

(1) 壁挂式安装

在实体墙离地 1.4m 的位置标记好顶部两颗 M6 膨胀螺栓的打孔位置，注意确保两孔间距为机箱左右挂钩的 V 形槽中心水平间距（470±1）mm。

使用冲击钻及 $\Phi$12 冲击钻头在标记位置钻出 2 个深 50mm 的圆孔（膨胀螺栓套正好没入墙体 5mm 左右），将两根膨胀螺栓套上一片梯形垫片后，用长螺母收紧固定在墙上。

调整膨胀螺栓上的螺母，使其距离墙面约 5~6mm，将仪器举起挂在上述 2 根膨胀螺栓的螺杆上（**注意：仪器的左右挂钩片务必置于螺母与墙体之间**），用手顶住仪器不让其翻落，同时用记号笔在墙上标记出仪器下方两个左右挂钩 V 形槽的中心位置。之后，将仪器取出放在地上，用卷尺检查刚才标记的尺寸是否正确。

使用冲击钻及 $\Phi$12 冲击钻头在实体墙上刚才的标记位置钻出 2 个深 50mm 以上的圆孔（膨胀螺栓套正好没入墙体 5mm 左右），将剩余的两根膨胀螺栓收紧固定在墙体上。

将 4 根膨胀螺栓上原来拧紧的长螺母拧松，留出离墙 5~6mm 的余量，将仪器举起挂在螺栓上（墙体与梯形垫片之间）。最后从上到下拧紧 4 颗长螺母，直至仪器被牢牢地固定在墙上（如图 1-35 所示）。

(2) 机柜式安装

按照设备的尺寸（宽×高×厚=425mm×640mm×240mm）定制相应的机柜，将设备整体固定于机柜内部，用 M8×4 螺钉固定（如图 1-36 所示）。

(3) 仪器管路连接

打开仪器柜门，将仪器配备的试剂取出，按图 1-37 所示位置放置在机柜内，并

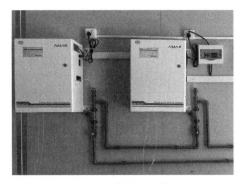

图 1-35 壁挂式安装图

图 1-36 机柜式安装图

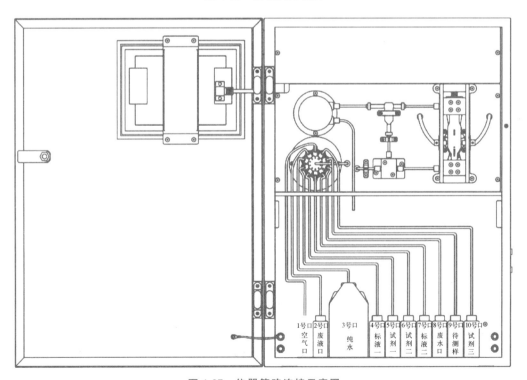

图 1-37 仪器管路连接示意图

按图示连接好仪器各端口试剂管。

【注意】 操作时应佩戴聚四氟乙烯手套，避免直接接触化学试剂。

① 仪器的 9 号口为水样采水口，将 9 号导管通过仪器右侧的水样采水口插入预处理装置中，或者外部的质控样（水样）瓶中。

② 蠕动泵未连接端口与多位阀 1 号端口是排气用的安全排气管，该导管的另一端伸出仪器机柜并下弯约 5cm 或者放置在机柜内，注意不要弯折。

③ 仪器的 2 号口为废液排口，将 2 号导管通过废液排口伸出仪器机柜延伸至废液桶内 5cm 左右。

④ 仪器的 8 号口为废水排口，将 8 号导管通过废水排口伸出仪器机柜延伸至废水桶内 5cm 左右。

【注意】 取样管要插至纯水桶、试剂瓶、标液瓶底部，不要弯曲。

5. 设备的调试

分析仪设备安装完成后，为了更稳定、有效地监测水质状况，请按如下步骤调试设备。

(1) 检查设备气密性

如图 1-38 所示，保证设备所有接头无松动密封，可手动操作模拟进样来判定设备管路气密性。

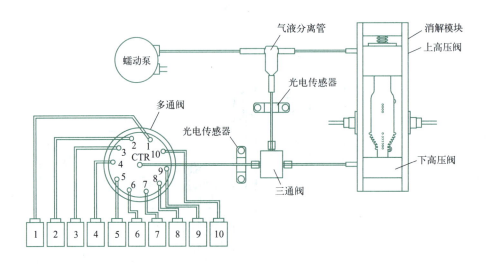

图 1-38　管路气密性检查图

(2) 确认吸收光电压、参比光电压参数

如图 1-39 所示，分析仪消解罐内有纯水漫过左右光源的状态下，确保吸收光电压及参比光电压数值为 10000~15000，如有较大偏差，可如图 1-40 所示调节光源信号板的滑动变阻器，确保吸收光电压、参比光电压数值为 10000~15000。

图 1-39　参比光电压、吸收光电压参数确认示意图

图 1-40　光源信号板上滑动变阻器调节示意图

## 第四节　COD 在线监测

### 一、化学需氧量（COD）

化学需氧量（COD）是指在一定条件下，氧化 1L 水样中还原性物质所消耗的氧化剂的量，以氧的质量浓度（以 mg/L 为单位）表示。水中还原性物质包括有机化合物和亚硝酸盐、硫化物、亚铁盐等无机化合物。由于有机物是水体中最常见的还原性物质，因此，COD 在一定程度上反映了水体受有机物污染的程度，COD 越高，污染

越严重。基于水体被有机物污染是很普遍的现象，该指标也作为有机污染物相对含量的综合指标之一，但只能反映能被氧化剂氧化的有机污染物。

随着水样中还原性物质以及测定方法的不同，COD 值也不同。目前应用最普遍的是酸性高锰酸钾氧化法与重铬酸钾氧化法。高锰酸钾（$KMnO_4$）法，氧化率较低，但比较简便，在测定水样中有机物含量的相对比较值（$COD_{Mn}$）时，可以采用。重铬酸钾（$K_2Cr_2O_7$）法，氧化率高，再现性好，适用于测定水样中有机物的总量（$COD_{Cr}$）。

## 二、$COD_{Cr}$ 在线分析仪

### 1. 仪器简介

AM-4010 型 $COD_{Cr}$ 在线分析仪（如图 1-41 所示）包含 HMI（人机接口）触控显示模块、比色模块、电路控制组件、进样定量组件和预处理模块等。

图 1-41　$COD_{Cr}$ 在线分析仪

### 2. 监测原理

AM-4010 型 $COD_{Cr}$ 在线分析仪是基于重铬酸钾快速消解分光光度法对水样中有机物含量进行检测。在待测水样中加入一定量的重铬酸钾和催化剂硫酸银（$Ag_2SO_4$），在强酸性介质中加热（175℃）回流一定时间，在此期间铬离子作为氧化剂从Ⅵ价被还原成Ⅲ价从而改变了颜色，颜色的改变度与样品中有机化合物的含量成对应关系，仪器通过比色换算直接将样品的 COD 显示出来。

重铬酸钾法 COD 分析仪进行废水 COD 检测时的主要干扰物为氯化物，可加入硫酸汞形成络合物去除。

### 3. 仪器特点

① 具有标样核查功能，可手动或自动触发启动标样核查。
② 具有异常报警功能，如无试剂、无水样、消解异常、测量超标等异常报警。
③ 系统采用彩色触摸显示屏，界面友好，操作简便。
④ 监测分析方法符合国家标准，保证了监测数据的准确性、有效性。
⑤ 自主开发的光电检测技术，有效去除杂散光的干扰。
⑥ 双光路检测技术，消除环境及本底干扰。
⑦ 废水和废液分开收集，废水不需要处理可直接排放。

### 4. 技术指标

AM-4010 型 $COD_{Cr}$ 水质在线分析仪的所有技术参数性能指标均满足或优于行业标准（行业标准如表 1-10 所示）。

表 1-10 技术指标（行业标准）

| 技术项目 | 技术指标 | 技术项目 | 技术指标 |
|---|---|---|---|
| 测量范围 | 0～1200mg/L | 量程漂移 | 24h 不超过±10% |
| 最大允许误差 | ±10% | 示值误差 | 不超过±10% |
| 重复性 | ≤5% | 绝缘阻抗 | ≥20MΩ |
| 零点漂移 | 24h 不超过±5mg/L | 泄漏电流 | ≤5mA |

**5. 应用领域**

重铬酸钾法 COD 在线分析仪可用于污染源污水排口、市政污水进排口、工业废水排口等领域的废水 COD 检测。

**6. 仪器操作、安装、调试**

AM-4010 型 $COD_{Cr}$ 水质在线分析仪的操作说明、安装、调试详见本章第三节 AM-4020 型氨氮在线分析仪的仪器操作、安装、调试部分。

## 三、$COD_{Mn}$ 在线分析仪

**1. 仪器简介**

AM-4012 型高锰酸盐指数（$COD_{Mn}$）水质在线分析仪（如图 1-42 所示）是一款基于光度滴定法检测水样中高锰酸盐指数的在线检测仪器。因此，AM-4012 型 $COD_{Mn}$ 水质在线分析仪测出的高锰酸盐指数是地表水受有机物和还原性无机物污染程度的综合指标。该仪器包含 HMI 触控显示模块、滴定比色模块、电路控制组件、进样定量组件和预处理模块等。

图 1-42 $COD_{Mn}$ 在线分析仪

**2. 监测原理**

仪器采用氧化还原滴定原理，待测水样与高锰酸钾和硫酸试剂在高温条件下反应，样品中还原性物质消耗部分高锰酸钾。反应后加入过量的草酸钠还原剩余的高锰酸钾，再用高锰酸钾溶液回滴过量的草酸钠，通过计算得到被测水样的高锰酸盐指数。

**3. 仪器特点**

① 高锰酸盐指数在线分析仪需具有抗浊度功能。

② 仪器需具备自动质控功能，包括但不限于自动零点核查、自动跨度核查、自动校零校标等。

③ 仪器需采用高分辨率 HMI 彩色触摸屏，可实时显示仪器运行状态，含运行进度条、报警情况、操作日志，方便对系统运行状态进行监控。

④ 仪器需采用一体化消解比色系统，高压阀与消解管直接连接，减少公用管路带来的干扰。

⑤ 仪器需采用自动化设计，可自动标定，自动清洗，具有断电自启清洗、一键维护等自动化指令，方便运维人员操作维护。

⑥ 仪器需采用模块化设计，主要器件可免拆面板拆卸，便于维护。

⑦ 仪器需采用下位机嵌入式微控制系统，集成度高且性能稳定可靠。

⑧ 仪器需采用检查光路、参比光路双光束检查技术，避免光源漂移影响。

### 4. 技术指标

AM-4012 型 $COD_{Mn}$ 水质在线分析仪的所有技术参数性能指标均满足或优于行业标准（行业标准如表 1-11 所示）。

表 1-11 技术指标（行业标准）

| 技术项目 | 技术指标 | 技术项目 | 技术指标 |
| --- | --- | --- | --- |
| 测量范围 | 0～20mg/L | 电压稳定性 | ±5% |
| 重复性 | ±5% | 绝缘阻抗 | ≥2MΩ |
| 零点漂移 | ±5% | 平均无故障工作时间(MTBF) | ≥720h/次 |
| 量程漂移 | ±5% | 实际水样比对试验 | 相对误差绝对值的平均值≤10% |
| 葡萄糖试验（测量误差） | ±5% | | |

### 5. 应用领域

$COD_{Mn}$ 在线分析仪适用于高锰酸盐指数浓度在 0.5～20mg/L、氯离子浓度低于 300mg/L 的饮用水和地表水。高锰酸盐指数法不适用于污染源废水的 COD 测定。

### 6. 仪器操作、安装、调试

AM-4012 型高锰酸盐指数水质在线分析仪的操作说明、安装、调试详见本章第三节 AM-4020 型氨氮在线分析仪的仪器操作、安装、调试部分。

## 第五节 总磷在线监测

### 一、总磷

总磷是水样经消解后将各种形态的磷转变成正磷酸盐后测定的结果，以每升水样含磷的质量（mg）计量。

水中磷可以以元素磷、正磷酸盐、缩合磷酸盐、焦磷酸盐、偏磷酸盐和有机团结合的磷酸盐等形式存在。其主要来源为生活污水、化肥、有机磷农药及近代洗涤剂所用的磷酸盐增洁剂等。磷酸盐会干扰水厂中的混凝过程。水体中的磷是藻类生长需要的一种关键元素，过量磷是造成水体污秽异臭，使湖泊发生富营养化和海湾出现赤潮的主要原因。

## 二、仪器简介

AM-4030型总磷水质在线分析仪采用的监测分析方法需符合水质监测国家标准的A类方法，是一款基于钼酸铵法检测水样中总磷的在线检测仪器（外观如图1-43所示）。该仪器包含HMI触控显示模块、消解比色模块、电路控制组件、进样定量组件和预处理模块等。

## 三、监测原理

AM-4030型总磷水质在线分析仪是一款基于国标方法（钼酸铵法）检测水样中总磷的在线检测仪器。仪器采用光电比色法原理，待测水样用过硫酸钾消解，将所含磷全部氧化为正磷酸盐。在酸性介质中，正磷酸盐与钼酸铵反应，在锑盐存在下生成磷钼杂多酸后，立即被抗坏血酸还原，生成蓝色的络合物。该络合物溶液在700nm波长光源处有最大吸收，采用光电检测器检测被吸收光的强度，应用朗伯-比尔定律，求出水样中总磷浓度。

图1-43 总磷在线分析仪

## 四、仪器特点

① 具有抗浊度功能，排除浊度对总磷检测结果的干扰。
② 具有标样核查功能，可手动或自动触发启动标样核查。
③ 仪器需具备自动质控功能，包括但不限于自动零点核查、自动跨度核查、自动校零校标等。
④ 具有异常报警功能，如无试剂、无水样、消解异常、测量超标等异常报警。
⑤ 系统采用彩色触摸显示屏，界面友好，操作简便。
⑥ 仪器需采用模块化设计，主要器件可免拆面板拆卸，便于维护。
⑦ 监测分析方法符合国家标准，保证了监测数据的准确性、有效性。
⑧ 自主开发的光电检测技术，有效去除杂散光的干扰。
⑨ 双光路检测技术，消除环境及本底干扰。
⑩ 试剂消耗量低至每种约0.5mL/次，减少废液的二次污染。
⑪ 仪器需采用废水、废液分离技术，单次产生的废液量不超过20mL，降低废液的二次污染。
⑫ 仪器采用废水和废液分离技术，废水不需要处理可直接排放，废液量较少。
⑬ 仪器需采用下位机嵌入式微控制系统，集成度高且性能稳定可靠。

## 五、技术指标

AM-4030型总磷水质在线分析仪的所有技术参数性能指标均满足或优于行业标

准（行业标准如表 1-12 所示）。

表 1-12 技术指标（行业标准）

| 技术项目 | 技术指标 | 技术项目 | 技术指标 |
| --- | --- | --- | --- |
| 测量范围 | 0~10mg/L,可调 | 电压稳定性 | ±10% |
| 重复性 | ±10% | 绝缘阻抗 | ≥5MΩ |
| 零点漂移 | ±5% | MTBF | ≥720h/次 |
| 量程漂移 | ±10% | 实际水样比对试验 | 相对误差绝对值的平均值≤10% |
| 直线性 | ±10% | | |

### 六、应用领域

AM-4030 型总磷在线分析仪适用于市政污水、园区工厂排污口、污水处理厂、饮用水、江河、湖泊、水库等领域水质的总磷在线监测。

### 七、仪器操作、安装、调试

AM-4030 型总磷水质在线分析仪的操作说明、安装、调试详见本章第三节 AM-4020 型氨氮在线分析仪的仪器操作、安装、调试部分。

## 第六节 总氮在线监测

### 一、总氮

总氮（TN），水中的总氮含量是衡量水质的重要指标之一。总氮的定义是水中各种形态无机氮和有机氮的总量，包括 $NO_3^-$、$NO_2^-$ 和 $NH_4^+$ 等无机氮，以及蛋白质、氨基酸和有机胺等有机氮，以每升水含氮的质量（mg）计算。常被用来表示水体受营养物质污染的程度。

图 1-44 总氮在线分析仪

### 二、仪器简介

AM-4040 型总氮水质在线分析仪采用的监测分析方法需符合水质监测国家标准的 A 类方法，是一款基于间苯二酚法检测水样中总氮的在线检测仪器（外观如图 1-44 所示）。该仪器包含 HMI 触控显示模块、消解比色模块、电路控制组件、进样定量组件和预处理模块等。

### 三、监测原理

AM-4040 型总氮水质在线分析仪是一款基于国标方法（过硫酸钾氧化还原法）检测水样中总氮的在线检测仪器。仪器采用光电比色法原理，待测水样与过硫酸钾试剂反应，水样中含氮化合物转化为硝酸盐。反应后溶液与间苯二酚在酸性条件下显色，在 360nm 波长光源处有最大吸收，采用光电检测器检测被吸收光的强度，应用朗伯-比尔定律，求出水样中总氮浓度。

## 四、仪器特点

① 具有抗浊度功能，排除浊度对总磷检测结果的干扰。

② 具有标样核查功能，可手动或自动触发启动标样核查。

③ 仪器需具备自动质控功能，包括但不限于自动零点核查、自动跨度核查、自动校零校标等。

④ 具有异常报警功能，如无试剂、无水样、消解异常、测量超标等异常报警。

⑤ 系统采用彩色触摸显示屏，界面友好，操作简便。

⑥ 仪器需采用模块化设计，主要器件可免拆面板拆卸，便于维护。

⑦ 仪器需采用自动化设计，可自动标定，自动清洗，具有断电自启清洗、一键维护等自动化指令，方便运维人员操作维护。

⑧ 监测分析方法符合国家标准，保证了监测数据的准确性、有效性。

⑨ 自主开发的光电检测技术，有效去除杂散光的干扰。

⑩ 双光路检测技术，消除环境及本底干扰。

⑪ 仪器需采用废水、废液分离技术，单次产生的废液量不超过 20mL，降低废液的二次污染。

⑫ 仪器采用废水和废液分离技术，废水不需要处理可直接排放，废液量较少。

⑬ 仪器需采用下位机嵌入式微控制系统，集成度高且性能稳定可靠。

## 五、技术指标

AM-4040 型总氮水质在线分析仪的所有技术参数性能指标均满足或优于行业标准（行业标准如表 1-13 所示）。

表 1-13 技术指标（行业标准）

| 技术项目 | 技术指标 | 技术项目 | 技术指标 |
| --- | --- | --- | --- |
| 测量范围 | 0~50mg/L,可调 | 电压稳定性 | ±10% |
| 重复性 | ±10% | 绝缘阻抗 | ≥5MΩ |
| 零点漂移 | ±5% | MTBF | ≥720h/次 |
| 量程漂移 | ±10% | 实际水样比对试验 | 相对误差绝对值的平均值≤10% |
| 直线性 | ±10% | | |

## 六、应用领域

AM-4040 型总氮在线分析仪适用于园区工厂排污口、污水处理厂、饮用水、江河、湖泊、水库等领域水质的总氮在线监测。

## 七、仪器操作、安装、调试

AM-4040 型总氮水质在线分析仪的操作说明、安装、调试详见本章第三节 AM-4020 型氨氮在线分析仪的仪器操作、安装、调试部分。

# 第七节　重金属在线监测

## 一、铬水质在线分析仪

### 1. 仪器简介

AM-4050 型金属铬水质在线分析仪可实现水样中总铬的全自动在线监测（外观如图 1-45 所示）。仪器监测数据和运行状态可通过数采仪传输至环监控制中心；环监控制中心亦可发送反控指令，控制仪器完成测量、校准等流程。AM-4050 系列仪器可广泛应用于自动监测站、自来水厂、地区水界点、污水排放的水质重金属监测，以及各级环境监管机构对水环境的监测。

图 1-45　金属铬水质在线分析仪

### 2. 监测原理

AM-4050 型金属铬水质在线分析仪采用比色法原理实现测量。AM-4050 系列铬分析仪控制水泵将待测水样过滤后抽取到取样装置。首先经过高温高压消解装置，将三价铬转化成六价铬离子，由于在酸性介质中六价铬与显色剂二苯碳酰二肼反应生成紫红色化合物。分析仪依次将水样和试剂加入比色装置中，鼓泡使其充分混合，测定吸光度，并依据存储于仪器内的校准参数，计算水样中六价铬含量。

### 3. 性能特点

① 具有自动稀释功能，可扩展测量高浓度的水样。
② 具有连续、间隔、整点三种测量模式，间隔测量模式可设定，用户可配置测量间隔时间。
③ 具有自动和手动校正功能，可灵活设定自动校正频率。
④ 具有断电后自动恢复功能，断电后来电恢复到断电前设定状态。
⑤ 具有仪器运行故障报警功能，如无试剂、无水样、测量值超标、硬件故障等报警。
⑥ 显示仪器运行状态和设定信息，可通过触摸屏对仪器进行设定和操作。

⑦ 仪器可存储一年以上的运行数据。

⑧ 仪器结构合理，模块化设计理念，便于操作，维护工作量小。

⑨ 自主研发的交流调制检测电路和滤波算法，提高光源寿命和稳定性，并提高测量稳定性。

⑩ 带过滤装置的取样系统，有效过滤待测水样中杂质，保护进样系统，使测量更加准确。

## 二、铜水质在线分析仪

### 1. 仪器简介

AM-4052 型金属铜水质在线分析仪可实现水样中总铜的全自动在线监测（外观如图 1-45 所示）。仪器监测数据和运行状态可通过数采仪传输至环监控制中心；环监控制中心亦可发送反控指令，控制仪器完成测量、校准等流程。AM-4052 系列仪器可广泛应用于自动监测站、自来水厂、地区水界点、污水排放的水质重金属监测，以及各级环境监管机构对水环境的监测。

### 2. 监测原理

AM-4052 型金属铜水质在线分析仪采用比色法原理实现测量。AM-4052 型 Cu 分析仪控制水泵将过滤后的水样抽取到水样采集单元，读取初始光电压值，依次加入试剂并鼓泡使其充分混匀。首先，用盐酸羟胺将水样中铜离子转化为亚铜离子，在中性或者微酸性溶液中，亚铜离子与新铜试剂反应生成黄色络合物，该化合物的吸光度与铜的含量成正比，并于 450nm 波长处有大吸收。在一定浓度范围内待测水样中总铜的浓度值符合朗伯-比尔（Lambert-Beer）定律，通过对吸光度的测量，依据存储于仪器中的校正参数，计算出总铜含量。

### 3. 性能特点

① 具有自动稀释功能，可扩展测量高浓度的水样。

② 具有连续、间隔、整点三种测量模式，间隔测量模式可设定，用户可配置测量间隔时间。

③ 具有自动和手动校正功能，可灵活设定自动校正频率。

④ 具有断电后自动恢复功能，断电后来电恢复到断电前设定状态。

⑤ 具有仪器运行故障报警功能，如无试剂、无水样、测量值超标、硬件故障等报警。

⑥ 显示仪器运行状态和设定信息，可通过触摸屏对仪器进行设定和操作。

⑦ 仪器可存储一年以上的运行数据。

⑧ 仪器结构合理，模块化设计理念，便于操作，维护工作量小。

⑨ 自主研发的交流调制检测电路和滤波算法，提高光源寿命和稳定性，并提高测量稳定性。

⑩ 带过滤装置的取样系统，有效过滤待测水样中杂质，保护进样系统，使测量

更加准确。

### 三、铁水质在线分析仪

#### 1. 仪器简介

AM-4054型金属铁水质在线分析仪可实现水样中总铁的全自动在线监测（外观如图1-45所示）。仪器监测数据和运行状态可通过数采仪传输至环监控制中心；环监控制中心亦可发送反控指令，控制仪器完成测量、校准等流程。AM-4054系列仪器可广泛应用于自动监测站、自来水厂、地区水界点、污水排放的水质重金属监测，以及各级环境监管机构对水环境的监测。

#### 2. 监测原理

AM-4054型金属铁水质在线分析仪采用比色法原理实现测量。AM-4054型金属铁分析仪控制水泵将待测水样过滤后抽取到取样装置。首先经过高温高压消解装置，用抗坏血酸将三价铁还原成二价铁，依次将水样和试剂加入比色装置中，鼓泡使其充分混合，在pH值2～9范围内，二价铁与邻菲罗啉反应生成橙红色的配合物，在510nm波长处测定吸光度，符合朗伯-比尔定律，其吸光度与浓度成正比，并依据存储于仪器内的校准参数，计算水样中总铁含量。

#### 3. 性能特点

① 具有自动稀释功能，可扩展测量高浓度的水样。
② 具有连续、间隔、整点三种测量模式，间隔测量模式可设定，用户可配置测量间隔时间。
③ 具有自动和手动校正功能，可灵活设定自动校正频率。
④ 具有断电后自动恢复功能，断电后来电恢复到断电前设定状态。
⑤ 具有仪器运行故障报警功能，如无试剂、无水样、测量值超标、硬件故障等报警。
⑥ 显示仪器运行状态和设定信息，可通过触摸屏对仪器进行设定和操作。
⑦ 仪器可存储一年以上的运行数据。
⑧ 仪器结构合理，模块化设计理念，便于操作，维护工作量小。
⑨ 自主研发的交流调制检测电路和滤波算法，提高光源寿命和稳定性，并提高测量稳定性。
⑩ 带过滤装置的取样系统，有效过滤待测水样中杂质，保护进样系统，使测量更加准确。

### 四、铅水质在线分析仪

#### 1. 仪器简介

AM-4240型金属铅水质在线分析仪可实现水样中总铅的全自动在线监测（外观

如图 1-45 所示）。仪器监测数据和运行状态可通过数采仪传输至环监控制中心；环监控制中心亦可发送反控指令，控制仪器完成测量、校准等流程。AM-4240 系列仪器可广泛应用于自动监测站、自来水厂、地区水界点、污水排放的水质重金属监测，以及各级环境监管机构对水环境的监测。

2. 监测原理

AM-4240 型金属铅水质在线分析仪采用比色法原理实现测量。AM-4240 型金属铅分析仪控制水泵将待测水样过滤后抽取到取样装置。首先经过高温高压消解装置，依次将水样和试剂加入比色装置中，鼓泡使其充分混合，以二甲酚橙作为显色剂，以柠檬酸三铵和硫脲为掩蔽剂，在 pH 值为 6 的醋酸-醋酸钠缓冲液中，铅离子与显色剂生成红色的络合物，在 580nm 处测定其吸光度，符合朗伯-比尔定律，其吸光度与浓度成正比，并依据存储于仪器内的校准参数，计算水样中总铅含量。

3. 性能特点

① 具有自动稀释功能，可扩展测量高浓度的水样。

② 具有连续、间隔、整点三种测量模式，间隔测量模式可设定，用户可配置测量间隔时间。

③ 具有自动和手动校正功能，可灵活设定自动校正频率。

④ 具有断电后自动恢复功能，断电后来电恢复到断电前设定状态。

⑤ 具有仪器运行故障报警功能，如无试剂、无水样、测量值超标、硬件故障等报警。

⑥ 显示仪器运行状态和设定信息，可通过触摸屏对仪器进行设定和操作。

⑦ 仪器可存储一年以上的运行数据。

⑧ 仪器结构合理，模块化设计理念，便于操作，维护工作量小。

⑨ 自主研发的交流调制检测电路和滤波算法，提高光源寿命和稳定性，并提高测量稳定性。

⑩ 带过滤装置的取样系统，有效过滤待测水样中杂质，保护进样系统，使测量更加准确。

## 五、锰水质在线分析仪

1. 仪器简介

AM-4056 型金属锰水质在线分析仪可实现水样中总锰的全自动在线监测（外观如图 1-45 所示）。仪器监测数据和运行状态可通过数采仪传输至环监控制中心；环监控制中心亦可发送反控指令，控制仪器完成测量、校准等流程。AM-4056 型金属锰系列仪器可广泛应用于自动监测站、自来水厂、地区水界点、污水排放的水质重金属监测，以及各级环境监管机构对水环境的监测。

## 2. 监测原理

AM-4056 型金属锰水质在线分析仪采用比色法原理实现测量。AM-4056 型金属锰分析仪控制水泵将待测水样过滤后抽取到取样装置。首先经过高温高压消解装置，依次将水样和试剂加入比色装置中，鼓泡使其充分混合，在碱性溶液中，甲醛肟与锰形成棕红色的化合物，在 450nm 波长处测定吸光度，符合朗伯-比尔定律，其吸光度与浓度成正比，并依据存储于仪器内的校准参数，计算水样中总锰含量。

## 3. 性能特点

① 具有自动稀释功能，可扩展测量高浓度的水样。

② 具有连续、间隔、整点三种测量模式，间隔测量模式可设定，用户可配置测量间隔时间。

③ 具有自动和手动校正功能，可灵活设定自动校正频率。

④ 具有断电后自动恢复功能，断电后来电恢复到断电前设定状态。

⑤ 具有仪器运行故障报警功能，如无试剂、无水样、测量值超标、硬件故障等报警。

⑥ 显示仪器运行状态和设定信息，可通过触摸屏对仪器进行设定和操作。

⑦ 仪器可存储一年以上的运行数据。

⑧ 仪器结构合理，模块化设计理念，便于操作，维护工作量小。

⑨ 自主研发的交流调制检测电路和滤波算法，提高光源寿命和稳定性，并提高测量稳定性。

⑩ 带过滤装置的取样系统，有效过滤待测水样中杂质，保护进样系统，使测量更加准确。

# 第八节 其他项目在线监测

## 一、氟化物水质在线分析仪

### 1. 氟化物

氟化物，指含负价氟的有机或无机化合物。与其他卤素类似，氟生成单负阴离子（氟离子，$F^-$）。在卤化物中，氟化物容易与某些高氧化态的阳离子形成稳定的配离子，如六氟合铝酸根离子（$AlF_6^{3-}$）。与其他卤化物不同，金属锂、碱土金属和镧系元素的氟化物难溶于水，而氟化银可溶于水，其他金属的氟化物易溶于水。氟化氢的水溶液称氢氟酸,是一种弱酸。金属氟化物还易形成酸式盐,如氟氢酸钾（$KHF_2$）。

## 2. 仪器简介

AM-4490 型氟化物水质在线分析仪（如图 1-46 所示）是一款基于离子选择电极法检测水样中氟化物浓度的在线检测仪器。仪器采用数字化离子选择电极作为传感器。AM-4490 型分析仪可实现水样中氟化物的全自动在线监测。仪器监测数据和运行状态可通过数采仪传至环监控制中心；环监控制中心亦可发送反控指令,控制仪器完成测量、校准等流程。

AM-4490 系统结构如图 1-47 所示,包含 HMI 触屏显示模块、分析模块、电路控制组件、进样定量组件和预处理模块等。

图 1-46　氟化物水质在线分析仪

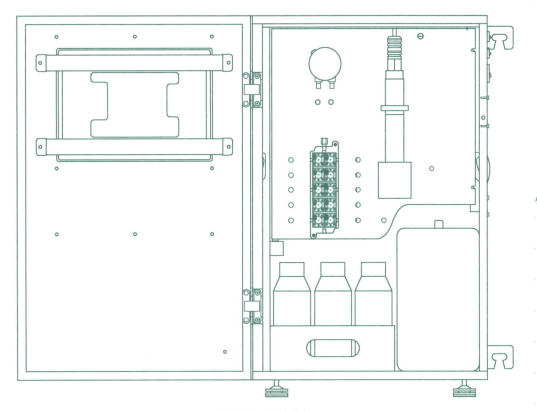

图 1-47　系统结构

## 3. 监测原理

AM-4490 型氟化物水质在线分析仪是利用氟离子选择电极法,采用数字化离子选择电极作为传感器,电极氟化镧晶膜与待测水样中氟离子接触后产生感应电位,电位差随水样浓度的变化而改变,电位变化规律符合能斯特方程,经校准后,计算得出水样中氟化物浓度。电极在使用前不需要浸泡活化,使用极为方便快捷。

#### 4. 仪器特点

① 测量方法采用的是氟离子选择电极法,检测过程中不需要试剂,可做到零污染。
② 自动稀释功能,可扩展测量高浓度的水样。
③ 测量模式具有连续、间隔、整点三种,可根据实际应用场景及需求进行选择。
④ 具有自动和手动校正功能,可灵活设定自动校正频率。
⑤ 具有断电后自动恢复功能,断电后来电恢复到断电前设定状态。
⑥ 具有仪器运行故障报警功能,如无试剂、无水样、测量值超标、硬件故障等报警。
⑦ 仪器结构合理,模块化设计理念,便于操作,维护工作量小。
⑧ 带触摸功能的 HMI,显示仪器的运行状态和设定信息,通过触摸屏对仪器进行设定和操作。
⑨ 带过滤装置的取样系统,有效过滤待测水样中的杂质,保护仪器进样系统,使仪器的测量更加准确。

#### 5. 技术指标

AM-4490 型氟化物水质在线分析仪的所有技术参数性能指标均满足或优于行业标准(行业标准如表 1-14 所示)。

表 1-14 技术指标(行业标准)

| 技术项目 | 技术指标 | 技术项目 | 技术指标 |
| --- | --- | --- | --- |
| 测量范围 | 0~1000mg/L,可调 | 量程漂移 | ±5% |
| 分辨率 | 0.01mg/L | 电压稳定性 | ±2% |
| 灵敏度 | 55~58mV/pF@25℃ | 响应时间 | <15s |
| 测量精度 | ≤5% | 通信接口 | RS-485,标准 Modbus 协议 |
| 重复性误差 | ±5% | | |

## 二、叶绿素 a、蓝绿藻水质在线分析仪

#### 1. 叶绿素 a

叶绿素 a 是一种有机化合物,分子式为 $C_{55}H_{72}MgN_4O_5$,分子结构由 4 个吡咯环通过 4 个甲烯基(=CH—)连接形成环状结构,称为卟啉(环上有侧链)。叶绿素 a 是一种包含在浮游植物的多种色素中的重要色素。在浮游植物中,占有机物干重的 1%~2%,是估算初级生产力和生物量的指标,也是赤潮监测的必测项目。

#### 2. 蓝绿藻

蓝绿藻又称蓝藻,由于蓝色的有色体数量最多,所以宏观上呈现蓝绿色。大多数蓝绿藻的细胞壁外面有胶质衣,又叫黏藻。蓝绿藻是地球上出现得最早的原核生物,

也是最基本的生物体。

### 3. 仪器简介

WM-6600 型叶绿素 a、蓝绿藻分析仪是专为水中的叶绿素 a 和蓝绿藻测量而设计的。该分析仪采用特定波长的高亮度 LED 激发水样中植物细胞内的叶绿素 a 和蓝绿藻，叶绿素 a 和蓝绿藻会发出荧光，传感器中的高灵敏度光电转换器会捕捉微弱的荧光信号从而转化为叶绿素 a 和蓝绿藻浓度数值，同时采用数字化、智能化传感器设计理念，能够自动补偿电压波动、器件老化、温度变化对测量值的影响，直接输出标准化数字信号，在无控制器的情况下就可以实现组网和系统集成。

### 4. 性能特点

① 采用高亮度 LED 作为激发光源，发光效率稳定，寿命长。
② 采用独特的光学和电子滤光技术，消除环境光和其他物质的荧光对测量结果的影响。
③ 内置温度传感器，实时温度补偿 0～60℃。
④ 清洁刷自动清洗，大大减少了维护工作量。
⑤ 开放的通信协议，可以实现与其他水质分析仪器的集成和组网。
⑥ 支持软件在线升级。

### 5. 技术指标

WM-6600 型叶绿素 a、蓝绿藻水质在线分析仪的所有技术参数性能指标均满足或优于行业标准（具体技术指标如表 1-15 所示）。

表 1-15  WM-6600 型分析仪技术指标

| 传感器 | 叶绿素 a 传感器 | 蓝绿藻传感器 |
| --- | --- | --- |
| 测量因子 | 叶绿素 a | 蓝绿藻 |
| 量程 | 0～500μg/L | 0～200000cells(细胞)/mL |
| 准确度 | ≤±3% | ≤±3% |
| 重复性 | ≤2% | ≤2% |
| 分辨率 | 0.01μg/L | 1cells/mL |
| 检出限 | 0.05μg/L | 200cells/mL |
| 校准周期 | 6 个月 ||
| 防护等级 | IP68、水下 60m ||
| 通信方式 | RS-485(Modbus RTU)，最高波特率 115200bps ||
| 温度范围 | 0～60℃ ||
| MTBF | ≥1440h/次 ||

## 第九节 站房及系统建设

### 一、选址基本原则

① 站址的便利性　具备土地、交通、通信、电力、自来水及地质等良好的基础条件。

② 水质的代表性　根据监测的目的和断面的功能，具有较好的水质代表性。

③ 站点的长期性　不受城市、农村、水利等建设的影响，有比较稳定的水深和河流宽度，保证系统长期运行。

④ 系统的安全性　自动站周围环境条件安全、可靠。

⑤ 运行的经济性　便于承担管理任务的监测站日常运行和管理。

⑥ 管理的规范性　承担运行管理的监测站，需具备相应的管理技术与经济能力。

### 二、选址必备条件

站点选址主要从两个方面综合考虑：一方面是取水点满足水质代表性要求；另一方面是站房选址满足建设要求。

#### 1. 取水点满足水质代表性要求

为尽可能采集到有代表性的样品，真实反映水质状况和变化趋势，同时保证采水设施安全和维护便利，取水点选址应该满足以下条件。

① 监测断面应选择在平直河段上水质分布均匀、流速稳定的位置。

② 在不影响航道运行的前提下，采水点尽量靠近主航道。

③ 距上游支流汇合处或排污口有足够的距离，以保证水质均匀性，一般监测断面根据河宽距离的不同，应距上游入河口或排污口 0.3~2km。

④ 自动监测断面尽可能选择设在原有的常规手工监测断面上，保证监测数据的连续性。

⑤ 跨界断面尽量选择在交界线下游，且必须位于第一个市（镇）或第一个排污口的上游，监测断面至交界线之间不应有明显的排放口，能客观地反映上游地区流入下游地区的水质状况。若交界线下游不具备建站条件，可选择在上游靠近交界线的断面，而且在监测断面至交界线之间没有排放口。

⑥ 取水点设在水下 0.5~1m 范围内，但应防止底质淤泥对采水水质的影响。

⑦ 取水口处应有良好的水力交换，河流取水口不能设在死水区、缓流区、回流区。

## 2. 站房选址满足建设要求

① 站房选址应尽量靠近采水点，距采水点的直线距离最好小于100m（特殊情况除外），采样管路越短越好，这样才能保证采集的水样具有代表性。

② 站房建设地点应无污染源影响，应避开腐蚀性气体，无机械振动，附近不应有强电磁场干扰。

③ 站房位置地质结构稳定，场地平坦，必须满足四通一平条件，即通路、通电、通水、通信以及场地平整。

④ 站房建设位置地势较高，室内地面标高须高于50年一遇的洪水水位。

⑤ 站房建设位置的地理条件和周围环境要安全可靠，便于工作人员的工作和对水站的管理。

## 三、站址建站基本要求

① 站房的位置要求交通方便，便于日常的运行和维护。

② 站房有可靠的电力保证而且电压稳定。

③ 具有自来水或可建自备井水源的条件，水质符合生活用水要求。

④ 有直通（不通过分机）电话通信条件和无线网络信号，而且电话线路质量符合数据传输要求。

⑤ 站房位置地质结构稳定，场地平坦，必须满足四通一平条件，即通路、通电、通水、通信以及场地平整。

⑥ 枯水期时的水面与站房的高差一般不超过采水泵最大扬程。

⑦ 断面常年有水，丰、枯季节河道摆幅应小于30m，枯水季节采水点水深不小于1m，保证能采集到水样，采水点最大流速一般应低于3m/s，有利于采水设施的建设、运行维护和安全。

## 四、站房及系统设计

### 1. 站房供电要求

① 供电负荷等级和供电要求应按现行国家标准《供配电系统设计规范》（GB 50052）的规定执行。

② 水站供电电源使用380V交流电、三相四线制、频率50Hz，电源容量要按照站房全部用电设备实际用量的1.5倍计算。

③ 电源线引入方式符合国家相关标准，穿墙时采用穿墙管。施工参考《建筑电气工程施工质量验收规范》（GB 50303—2015）。

④ 在监测仪器室内为水质自动监测系统配置专用动力配电箱。在总配电箱处进行重复接地，确保零、地线分开，其间相位差为零，并在此安装电源防雷设备。

⑤ 根据仪器、设备的用电情况，在380V供电条件下总配电采取分相供电：一相

用于照明、空调及其他生活用电（220V），一相供专用稳压电源为仪器系统用电（220V），另外一相为水泵供电（220V）。同时在站房配电箱内保留一到两个三相（380V）和单相（220V）电源接线端备用。

⑥ 系统应配备不间断电源（UPS）和三相稳压电源，功率应保证突然断电后各自动分析仪能继续完成本次测量周期。

⑦ 电源动力线和通信线、信号线相互屏蔽，以免产生电磁干扰。

2. 站房给排水要求

（1）给水系统

站房应根据仪器、设备、生活等对水质、水压和水量的要求分别设置给水系统。

站房内引入自来水（或井水），必要时加设高位水箱。自来水的水量瞬时最大流量 $3m^3/h$，压力不小于 $0.5kgf/cm^2$，保证每次清洗用量不小于 $1m^3$。

（2）排水系统

站房的总排水必须排入水站采水点的下游，排水点与采水点间的距离应大于 20m。各类试剂废水按照危险废物管理要求，单独收集、存放和储运，并统一处置。

站房内的采样回水汇入排水总管道，并经外排水管道排入相应排水点，排水总管径不小于 $DN150$，以保证排水畅通，并注意配备防冻措施。排水管出水口高于河水最高洪水水位的，设在采水点下游。站房生活污水纳入城市污水管网送污水处理厂处理，或经污水处理设施处理达标后排放，排放点应设在采水点下游。

3. 站房通信要求

固定站房网络通信建设应以光纤/ADSL（非对称数字用户线路）有线网络传输为主，现场条件不具备的情况下，可选用无线网络进行传输。站点现场应通过手机等通信设备进行通话测试，通信方式应选择至少两家通信运营商，无线传输网络（固定 IP 优先）应满足数据传输要求及视频远程查看要求，传输带宽不小于 20M。

水上固定平台通信在没有运营商网络覆盖的情况下，可采用微波中继等辅助传输方式。

4. 站房防雷要求

站房防雷系统应符合现行国家标准《建筑物防雷设计规范》（GB 50057）的规定，并应由具有相关资质的单位进行设计、施工以及验收。

水站内集中了多种电气系统，需预防雷电入侵的主要有三种系统，包括电源系统、通道和信号系统、接地系统。具体要求如下。

（1）对于直击雷的防护

采用避雷针是最首要、最基本的措施，完整的防雷装置应包括接闪器、引下线和接地装置。

(2) 电源系统、通信系统的防护

在总电源处加装避雷箱，内装多级集成避雷器。避雷器本身具有三级保护，串接在电源回路中可靠地将电涌电流泄入大地，保护设备安全。

如不用避雷箱，按照分区防护的原则，一般选并联的避雷器，选用流通容量比较大的，作为第一级防护。在总电源进线开关下口加装电源电涌保护器作为电源的一级保护，在稳压器后加装多级集成式电涌保护器。

对于卫星通信系统，应在馈线电缆进入站房时安装同轴馈线保护器；对于电话线系统，应采用电话线路防雷保护器。利用铜质线缆的数据信号专线，在设备的接口处应加装信号专线电涌保护器，该保护器应是内多级保护，要依据被保护设备传输的信号电压、信号电流、传输速率、线路等效阻抗及衰耗要求，同时考虑机械接口等配置电涌保护器。

地表水自动监测站站内管线选用金属管道、金属槽道或有屏蔽功能的 PVC 塑料管，并且将两端与保护地线相连。

(3) 接地系统

站房内电源保护接地与建筑物防雷保护接地之间要加装等电位均衡器，正常情况下回路内各自用自己的保护接地，当某点出现雷击高电压时，两地之间保持等电位。站房内设置等电位公共接地环网，使需要有保护接地的各类设备和线路做到就近接地。

5. 站房安全防护要求

① 站房耐火等级应符合现行国家标准《建筑设计防火规范》（GB 50016）的规定。

② 站房与其他建筑物合建时，应单独设置防火区、隔离区。

③ 站房应设火灾自动报警及自动灭火装置；火灾自动报警系统的设计应符合现行国家标准《火灾自动报警系统设计规范》（GB 50116）的规定；配置的自动灭火装置，须有国家强制性设备认证证书。自动灭火装置触发可靠，灭火时间短，灭火干粉对人和仪器无损害，美观实用，与站房和仪器系统整体协调。

④ 站房内应至少配置感烟探测器。为防止感烟式探测器误报，宜采用感烟、感温两种探测器组合。

⑤ 站房内使用的材料须为耐火材料。

⑥ 站房应设置防盗措施，门窗加装防盗网和红外报警系统，大门设置门禁装置。

⑦ 抗震：场地地震基本烈度为 7 度，抗震按 7 度设防，设计基本地震加速为 $0.10g$，设计特征周期为 $0.35s$，属设计地震分组为第一组，建筑物场地土壤类别为 II 类。

6. 站房暖通要求

站房结构需采取必要的保温措施，站房内有空调和冬季采暖设备，室内温度应当保持在 18～28℃，湿度在 60% 以内，空调为立柜式冷暖两用空调，功率不低于 2 匹，使用面积不低于 30m², 具备来电自动复位功能, 并根据温度要求自动运行。在北方寒冷地区应配备电暖器等单独供暖设备, 保障室内设备的正常工作。

7. 站房装修要求

(1) 仪器室要求

① 仪器室内地面应铺设防水、防滑地面砖, 离地 1.5m 高度以下铺设墙面砖, 并在室内所需位置设置地漏。仪器摆放顺序根据距离配电系统由远到近可分别为五参数/预处理单元、氨氮分析仪器、高锰酸盐指数分析仪器、总磷总氮分析仪器、其他特征污染物分析仪器及主控制柜。

② 监测系统采水和排水: 仪器室内预留 30cm 深地沟, 地沟上面加盖板 (需便于取放), 地沟的地漏和站房排水系统相连。

③ 电缆和插座: 配电箱中预留一根 $\phi 50$ 聚氯乙烯线管到地沟中, 四周墙上预留五孔插座, 墙上的五孔插座至少高于地面 0.5m。预留空调插座, 空调插座距吊顶或顶部 0.5m。配电箱预留五芯供电线路至自动监测系统控制柜位置。

④ 排风扇: 仪器室应安装排风扇, 若有吊顶, 则可放在吊顶上, 电源线引至配电箱中。

⑤ 站房吊顶: 根据站房建设情况可安装吊顶, 站房内空间高度应在 3.2m 以上。

(2) 质控室要求

质控室内应至少配有防酸碱化学实验台 1 套 (1.5~2m) 和 4 个实验凳, 台上可以放置实验室对比仪器, 配备冷藏柜以便于存放试剂。备有上下水、洗涤台。

① 实验台: 主架采用 40mm×60mm×1.8mm 优质方钢, 表面经酸洗、磷化、均匀灰白环氧喷涂、化学防锈处理, 台面选用复合贴面板台面 (1mm 厚酚醛树脂化学实验用专用板)、实心板台面 (12.7mm 厚酚醛树脂板化学实验用专用板) 或环氧树脂台面 (20mm 厚), 满足耐强酸碱腐蚀、耐磨性、耐冲击性、耐污染性要求, 底座可调节。

② 洗涤台: 主架和台面应与实验台保持一致, 洗涤槽采用 PP (聚丙烯) 材料, 水龙头采用两联或三联化验水龙头, 底座可调节。

③ 上水: 水管采用 PP-R 材质, 热熔连接, 不渗漏。

④ 下水: 实验区排水管全部采用防腐蚀耐酸碱材质 (PP), 保证排水不渗漏、不腐蚀。

⑤ 插座: 实验台处至少预留 2 个五孔插座, 实验台处五孔插座及灯开关高于地板 1.3m。

⑥ 冷藏柜: 应配备冷藏容量不小于 120L 的冰柜一台。

(3) 值班室要求

值班室主要供站房看护人员使用, 一般不小于 30m²。值班室应配备一台空调、一张值班用办公桌、两把椅子。其他设施可根据需要考虑。

8. 视频监控单元技术要求

视频监控单元由前端系统、传输网络和监控平台三部分组成，可远程监视水质自动监测站内设备（采水单元、自动监测分析仪器、供电系统、数据采集及传输系统等）的整体运行情况，观察取水工程（取样水泵、浮台等）工作状况，水站周边的水位、流量等水文情况，同时也可观察水站院落、站房、供电线路等周边环境。其中，前端系统主要对监控区域现场视音频、环境信息、报警信息等进行采集、编码、储存及上传，并通过客户端平台预置的规则进行自动化联动；传输网络主要用于前端与平台、平台之间的通信，确保前端系统的视音频、环境信息、报警信息可实时稳定上传至监控中心；监控平台主要用于对监控设备的控制和满足用户查看环境信息、视音频资料。

（1）视频监控单元功能要求

① 实时监控功能：可实现 24h 不间断监控，实时获取监控区域内清晰的监控图像。

② 云台操作功能：可实现全方位、多视角、无盲区、全天候式监控。

③ 录像存储功能：支持前端存储和中心存储两种模式，既可通过前端的视音信号接入视频处理单元存储数据，满足前端存储的需要，供事后调查取证，也可通过部署存储服务器和存储设备，满足大容量多通道并发的中心存储需要。

④ 语音监听功能。

⑤ 远程维护功能：可通过平台软件对前端设备进行校时、重启、修正参数、软件升级、远程维护等操作。

（2）前端视频监控设备布设要求

① 站房外取水口：安装在靠近取水口岸边，并考虑 50 年一遇的防洪要求，用于监控取水口及站房周边情况。监控设备可水平 360°旋转，竖直 −5°～185°旋转。

② 站房进门处：安装在站房大门附近墙壁上，用以监控人员进出站房情况。监控设备应配置枪机，固定监控视角。

③ 站房仪表间：安装在集成机柜正面墙壁上，用于监控仪表间内部设备运行情况。监控设备可水平 360°旋转，竖直 −5°～185°旋转。

（3）前端视频监控设备技术要求

① 网络红外球形摄像机：球机带云台，可水平 360°旋转，竖直 −5～185°旋转；带红外，支持夜间查看。

② 高清网络录像机：应选用可接驳符合 ONVIF、PSLA、RTSP 标准及众多主流厂商的网络摄像机；支持不低于 200 万像素高清网络视频的预览、存储和回放；支持 IPC（进程间通信）集中管理，包括 IPC 参数配置、信息的导入/导出、语音对讲和升级等；支持智能搜索、回放及备份。

9. 系统站房图

站房建设效果如图 1-48 所示。

图 1-48　水环境监测站房建设效果图

## 五、安装调试

站房建设中站房、仪器等的安装要满足以下电气环境。

① 供电电源，电压（交流）（220±22）V，频率（50±2.5）Hz，功率>1000W（如室内安装有空调或其他超过 100W 功率的设备，需另加上这些设备的功率）。

② 电气环境配置有稳压器，且接地良好，用电工笔逐一检测插座地线、仪器机柜等设备的接地柱是否接地良好。

③ 站房（或邻近建筑）安装有防雷措施，可保护仪器免受雷击破坏。

④ 推荐使用不间断电源（UPS），以保证在意外断电的情况下仪器仍能工作 2~4h。

设备上架选择最佳位置，具体位置的选择应遵循以下原则，以保证仪器的测量精度，提高仪器运行稳定性。

① 仪器应保证取样管平直通顺，无折叠或卷曲。

② 仪器的四周应各预留大于 0.5m 的空间，以方便日常维护。

③ 仪器安装位置的环境温度应控制在 0~40℃ 范围内。

④ 安装地点应保持干燥，避免阳光直接照射。

### 1. 站房内安装

① 将仪器放入站房已集成好的机柜内，固定好。

② 接通仪器电路、采样流路。

③ 接通仪器与站房电控部分通信线路。

④ 在固定位置放入设备所需试剂，将各部分流路对接好。

⑤ 完成设备安装，可以开始调试。

⑥ 安装完成后对仪器功能进行检查。

⑦ 检查分析仪自动标样核查、空白校准、标样校准等功能是否能正常运行。

⑧ 检查量程切换功能是否正常运行。

⑨ 检查仪器异常信息记录、上传等功能是否正常。

⑩ 检查仪器过程日志记录及关键参数随监测数据进行记录的功能是否正常。

⑪ 检查断电再度通电后自动排空水样和试剂、自动清洗管路、自动复位到待机状态等功能是否正常运行。

⑫ 检查仪器 RS-232 或 RS-485 标准通信接口是否能正常通信。

⑬ 除常规五参数 1min 1 次外，其他参数具备 1h 1 次的监测能力。

### 2. 调试、试运行

① 调试工作是保证系统施工安装达到设计要求的必要措施，通过调试使水质自动监测站内的设备处于正常工作状态，避免设备在非正常的状态下运行造成损坏，通过系统联调使各水质自动监测站与监控平台能正常互联，各项业务功能正常。

② 调试前，技术工程师应认真了解系统的性能指标，主管工程师组织有关人员熟悉调试注意事项。鉴于系统的复杂性，为保护仪器安全和系统安全，系统调试必须由专业工程师现场指导，任何未经授权的施工人员不得参加调试。

③ 调试中遇到问题由技术主管工程师和专业工程师负责处理，站房及外购仪器调试期间，单位会得到供应商的全程技术支持。

### 3. 系统调试步骤

① 调试办法的制定：根据行业规范和本项目的具体情况制定水站调试方案与系统联调方案。

② 调试：设备发往现场进行安装，施工过程中及时进行施工质量的检验和各子模块的调试，发现问题及时作出调整或者返工，以避免更大的损失和时间延误；现场安装完成后进行水质自动监测站调试，包括水样采集处理单元调试、控制单元调试、分析仪器调试、动环系统调试、监控系统调试及通信网络调试等环节。

③ 系统联调：系统整体联调按照功能设计要求分步进行，对调试过程中出现的各种现象的所有解释、问题的解决都要如实记录，所有项目调试完毕，出具调试报告，作为工程的原始文件由专人保存。

④ 作为调试报告的辅助文件，设备安装报告、系统连接图、网络设备端口等参数配置、平台配置等一并保存。

### 4. 调试前的准备工作

① 电源检测：站房通电后，检查稳压电源的电压表读数、线路排列等。合上电源分路空气开关，测量各输出端电压、直流输出端的极性，确认无误后，给每一回路送电，检查电源指示灯等，检查各设备端电压。

② 线路检查：对控制电缆进行校线，检查接线是否正确。用 250V 兆欧表对控制电缆的绝缘性进行测量，其线间、线对地的绝缘电阻不小于 0.5MΩ；用 500V 兆欧表对电源电缆进行测量，其线间、线对地的绝缘电阻不小于 0.5MΩ。

③ 接地电阻测量：线路中的金属保护管、电缆桥架、金属线槽、配线钢管和各

种设备的金属外壳均与保护地连接，保证电气通路可靠，接地电阻小于 $4\Omega$。

④ 管路检查：确保所有管路不渗漏，各电磁阀、电动球阀开关正常。

### 5. 数据采集与控制单元测试

数据采集与控制单元通电开机后，通过手动操作，打开和关闭各个泵、阀，并分别观察各自运行是否正常；启动和停止仪器，查看仪器工作状态是否与控制一致；控制单元进行一次全流程工作，查看各个单元是否满足要求。

### 6. 分析仪器的调试

仪器开机通电后按照说明书规定的时间进行预热，然后依照说明设置各仪器参数，添加所需试剂，进行仪器初始化，将各仪器进行试剂填充、仪器校准，校准完成后依照验收标准进行仪器单机性能测试，主要包括重复性、精密度、准确度、检出限和线性等。

① 重复性：连续测定量程标准液 6 次，计算相对标准偏差。

② 零点漂移：采用零点校准液，连续测定 24h，计算最大幅度相对于量程浓度的百分比。

③ 量程漂移：采用量程标准液分别在零点漂移前后各测定三次并求出平均值，减去零点漂移后的变化幅度，求出相对于量程值的百分率。

考核仪器的准确度和精密度，采用配制的与环境水样浓度相近或者略高的质量控制样品（经国家认可的质量控制样品或按照规定方法配制的标准溶液，当环境中水样浓度低于检出限时，按照仪器 3 倍检出限浓度配制标准溶液）对仪器进行测试，仪器经校准后，样品连续测量 6 次，根据测定结果计算仪器的准确度和精密度。

准确度以相对误差（RE）表示，计算公式如下：

$$RE(\%) = \frac{\overline{x} - c}{c} \times 100$$

式中　$\overline{x}$——质控样品 8 次测定平均值；

　　　$c$——标准溶液浓度。

精密度以相对标准偏差（RSD）表示，计算公式如下：

$$RSD = \frac{\sqrt{\frac{1}{n}\sum_{i=1}^{n}(x_i - \overline{x})^2}}{\overline{x}} \times 100\%$$

式中　$x_i$——同一实际水样每次测定值；

　　　$\overline{x}$——同一实际水样 $n$ 次测定平均值；

　　　$n$——同一实际水样测定次数。

 复习思考题

1. 简要阐述水质监测的目的。

2. 简要说明水功能的分类标准。
3. 如何设置监测断面（以河流为例）？
4. 简要说明高锰酸盐法和重铬酸钾法测量COD原理的不同。
5. 简要说明氨氮、总磷、总氮在线监测仪监测原理。
6. 简要阐述铜水质在线监测仪的性能特点。
7. 简要说明监测站点选址及建站的要求。
8. 阐述水质自动监测站及系统设计的要求。

# 第二章 大气在线监测技术

## 学习目标

**知识目标：** 了解空气在线监测站、微型环境空气在线监测站、挥发性有机物在线监测系统的组成，掌握各系统的仪器结构、工作原理、应用范围。

**能力目标：** 能区分空气在线监测站、微型环境空气在线监测站、挥发性有机物在线监测系统的功能，会各种在线监测系统的安装调试，熟练掌握在线监测仪器设备的操作应用及其维护。

**素质目标：** 培养爱国主义精神；培养科学严谨、精益求精的生态环境保护工匠精神。

## 阅读材料

生态环境监测技术与仪器，是信息时代生态环境科学技术发展的源头，是生态环境科学研究的"先行官"，也是我国绿色低碳发展的"倍增器"。

中国工程院院士、中国科学院安徽光学精密机械研究所学术所长刘文清带领团队克服重重困难，完成了一系列科研项目，研发了空气、烟气、尾气、颗粒物等几十种大气污染自动监测仪器。刘文清说，环境光学监测就像是给大气做CT扫描，通俗地讲，空气中有各种各样的成分，包括污染物，它们都有自己的特征吸收光谱，一束光打出去或者利用太阳散射光，各种各样的空气组分或者污染物会在某一些频率上对光波进行吸收，形成特征吸收光谱。就像人的指纹，通过一些仪器、设备和一定的计算方法、分析方法就能把它们检测、测量出来，这样就可以知道光路上不同高度的污染物成分和含量，犹如给大气做一个CT扫描。

刘文清介绍，我国环境监测技术的发展比较快，与国外先进水平的差距在不断缩小，尤其在超光谱类环境监测技术与设备方面，我国自主研制的环境监测设备发挥着越来越重要的作用。我国的环境监测技术与装备，从单一依靠化学采样分析方法的环境监测方式发展到涉及物理监测、生物监测、生态监测、地基遥感监测、卫星监测的"天空地"一体化监测体系。

此外，为助力碳达峰、碳中和目标，我国历时两年攻坚克难，发射了首颗温室气体监测卫星TANSAT，解决了光谱质量低等一系列技术难题，成功反演出全球二氧化碳产品,其精度接近国际最先进水平,使我国成为继日本、美国之后的全球第三个可以独立自主提供全球二氧化碳反演产品的国家。

## 第一节　空气在线监测站

### 一、系统概述

环境空气质量自动监测系统(又称空气在线监测站,见图2-1)的功能是对存在于环境空气中的污染物质进行定点、连续或者定时的采样、测量和分析。站内安装多参数自动监测仪器,对一定区域内的环境空气质量做连续24h的自动监测,将监测结果实时存储并加以分析。空气在线监测站是空气质量控制和对空气质量进行合理评估的基础平台,是一个城市空气环境保护的基础设施,是一套针对日益严重的环境污染问题和公众与研究机构需求的集成自动监测系统。

空气在线监测站采用可靠并广泛应用的空气质量监测仪器,结合采样系统集成整合平台,统一数据采集、上传、处理等功能,组成具有高智能化、高稳定性、全方位的环境空气质量监测系统。监测子站采集的数据通过工控机上安装的数据采集系统,实现与现有政府平台的数据联网及上传,为环保及政府部门提供本地区的空气质量信息,为大气污染防治及其他决策提供基础数据支持,为打赢"蓝天保卫战"提供强有力的技术支撑。

图2-1　空气在线监测站

空气站是按照一系列国家及行业标准如《环境空气质量标准》(GB 3095—2012)、《环境空气质量指数(AQI)技术规定(试行)》(HJ 633—2012)、《环境空气气态污染物($SO_2$、$NO_2$、$O_3$、CO)连续自动监测系统安装验收技术规范》(HJ 193—2013)、《环境空气颗粒物($PM_{10}$ 和 $PM_{2.5}$)连续自动监测系统安装和验收技术规范》(HJ 655—2013)和《环境监测信息传输技术规定》(HJ 660—2013)等进行集成设计的。

基于中国环境监测总站2013第136号文件及《城市环境空气自动监测系统运行维护技术规范》的要求,对空气自动监测站中全部仪器设备和设施的运行状态与数据进行采集、处理、存储、传输、质控、审核、分析、评价等的全过程管理信息化系统进行方案设计。

## 二、系统架构

空气在线监测系统架构图如图2-2所示。在子站端，可以完成子站仪器设备、设施的实时数据监测，对监测数据的计算、存储、质量控制，以及实现监测数据和仪器状态数据上传、数据查询导出、监测设备互换兼容功能。可以通过专用网络，将数据上传至国家、省、市站管理平台。

在国家、省、市站端，可以实现对区域内环境空气自动监测站的子站监测数据、设备信息、仪器状态等进行汇总统计，对数据进行审核、记录、分析。可以远程对子站进行质控及相关操作。所有监测数据可上传至国家、省、市数据管理与发布平台，实现对所有监测数据的汇总、审核，对数据进行发布。

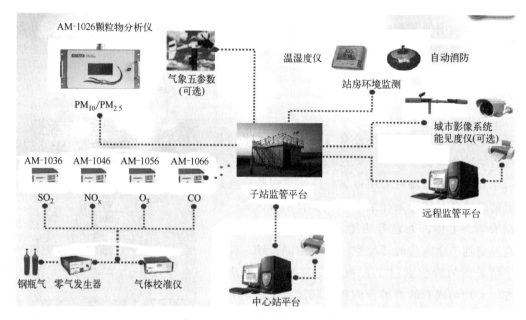

图 2-2 空气在线监测系统架构图

## 三、监测项目

空气中的污染物种类繁多，根据《环境空气质量标准》（GB 3095—2012）规定的污染项目来确定监测项目。对于国家空气质量监测网的监测点，须开展必测项目的监测。必测项目有颗粒物（$PM_{2.5}$、$PM_{10}$）、臭氧（$O_3$）、二氧化硫（$SO_2$）、一氧化碳（CO）、二氧化氮（$NO_2$）。

对于国家空气质量监测网的背景点及区域环境空气质量监测网的对照点，还应开展部分或全部选测项目的监测。选测项目有总悬浮颗粒物（TSP）、铅（Pb）、苯并[a]芘（B[a]P）、氮氧化物（$NO_x$）等。

地方空气质量监测网的监测点，可根据各地环境管理工作的实际需要及具体情况确定必测项目和选测项目。

环境空气功能区分为两类：一类区为自然保护区、风景名胜区和其他需要特殊保护的区域；二类区为居住区、商业交通居民混合区、文化区、工业区和农村地区。

环境空气质量标准分为二级：一类区执行一级标准；二类区执行二级标准。具体监测因子浓度限值如表 2-1、表 2-2 所示。

表 2-1 环境空气污染物必测项目浓度限值

| 序号 | 污染物项目 | 平均时间 | 浓度限值 一级 | 浓度限值 二级 | 单位 |
|---|---|---|---|---|---|
| 1 | 二氧化硫($SO_2$) | 年平均 | 20 | 60 | $\mu g/m^3$ |
| | | 24h 平均 | 50 | 150 | |
| | | 1h 平均 | 150 | 500 | |
| 2 | 二氧化氮($NO_2$) | 年平均 | 40 | 40 | $\mu g/m^3$ |
| | | 24h 平均 | 80 | 80 | |
| | | 1h 平均 | 200 | 200 | |
| 3 | 一氧化碳(CO) | 24h 平均 | 4 | 4 | $mg/m^3$ |
| | | 1h 平均 | 10 | 10 | |
| 4 | 臭氧($O_3$) | 日最大 8h 平均 | 100 | 160 | $\mu g/m^3$ |
| | | 1h 平均 | 160 | 200 | |
| 5 | $PM_{10}$ | 年平均 | 40 | 70 | $\mu g/m^3$ |
| | | 24h 平均 | 50 | 150 | |
| 6 | $PM_{2.5}$ | 年平均 | 15 | 35 | $\mu g/m^3$ |
| | | 24h 平均 | 35 | 75 | |

表 2-2 环境空气污染物选测项目浓度限值

| 序号 | 污染物项目 | 平均时间 | 浓度限值 一级 | 浓度限值 二级 | 单位 |
|---|---|---|---|---|---|
| 1 | 总悬浮颗粒物(TSP) | 年平均 | 80 | 200 | $\mu g/m^3$ |
| | | 24h 平均 | 120 | 300 | |
| 2 | 氮氧化物($NO_x$) | 年平均 | 50 | 50 | $\mu g/m^3$ |
| | | 24h 平均 | 100 | 100 | |
| | | 1h 平均 | 250 | 250 | |
| 3 | 铅(Pb) | 年平均 | 0.5 | 0.5 | $\mu g/m^3$ |
| | | 季平均 | 1 | 1 | |
| 4 | 苯并[a]芘(B[a]P) | 年平均 | 0.001 | 0.001 | $\mu g/m^3$ |
| | | 24h 平均 | 0.0025 | 0.0025 | |

## 四、监测点位布设原则

环境空气质量在线监测点位布设原则如下。

（1）代表性

具有较好的代表性，能客观反映一定空间范围内的环境空气质量水平和变化规律，客观评价城市、区域环境空气状况，污染源对环境空气质量影响，满足为公众提供环境空气状况健康指引的需求。

（2）可比性

同类型监测点的设置条件尽可能一致，使各个监测点获取的数据具有可比性。

（3）整体性

环境空气质量评价城市点应考虑城市自然地理、气象等综合环境因素，以及工业布局、人口分布等社会经济特点，在布局上应反映城市主要功能区和主要大气污染的空气质量现状及变化趋势，从整体出发合理布局，监测点之间相互协调。

（4）前瞻性

监测点位置一经确定，原则上不应变更，以保证监测资料的连续性和可比性。

## 五、监测点位布设要求

环境空气质量在线监测点位布设要求如下。

### 1. 环境空气质量评价城市点

① 位于各城市的建成区内，并相对均匀分布，覆盖全部建成区。

② 采用城市加密网格点实测或模式计算的方法，估计所在城市建成区污染物浓度的总体平均值。全部城市点的污染物浓度的算术平均值应代表所在城市建成区污染物浓度的总体平均值。

③ 城市加密网格点实测是指将城市建成区均匀划分为若干加密网格点，单个网格不大于 $2km \times 2km$（面积不大于 $200km^2$ 的城市也可适当放宽网格密度），在每个网格中心或网格线的交点上设置监测点，了解所在城市建成区的污染物整体浓度水平和分布规律，监测项目包括颗粒物（$PM_{2.5}$、$PM_{10}$）、臭氧（$O_3$）、二氧化硫（$SO_2$）、一氧化碳（CO）和二氧化氮（$NO_2$）6 项基本项目（可根据监测目的增加监测项目），有效监测天数不少于 15 天。

④ 模式模拟计算是通过污染物扩散、迁移及转化规律，预测污染分布状况，进而寻找合理地设置监测点位的方法。

⑤ 拟新建城市点的污染物浓度的平均值与同一时期用城市加密网格点实测或模式模拟计算的城市总体平均值估计值的相对误差应在 10% 以内。

⑥ 用城市加密网格点实测或模式模拟计算的城市总体平均值计算出 30、50、80 和 90 百分数的估计值；拟新建城市点的污染物浓度平均值计算出的 30、50、80 和 90 百分位数与同一时期城市总体估计值计算的各百分位数的相对误差在 15% 以内。

⑦ 监测点周围环境和采样口设置的具体要求如下。

a. 应采取措施保证监测点附近 1000m 内的土地使用状况相对稳定。

b. 点式监测仪器采样口周围，监测光束附近或开放光程监测仪器发射光源到监测光束接收端之间不能有阻碍环境空气流通的高大建筑物、树木或其他障碍物。从采样口或监测光束到附近最高障碍物之间的水平距离,应为该障碍物与采样口或监测光束高度差的两倍以上,或从采样口至障碍物顶部与地平线的夹角应小于30°。

c. 采样口周围水平面应保证270°以上的捕集空间,如果采样口一边靠近建筑物,采样口周围水平面应有180°以上的自由空间。

d. 监测点周围环境状况相对稳定,所在地质条件需长期稳定和足够坚实,所在地点应避免受山洪、雪崩、森林火灾和泥石流等局地灾害影响,安全和防火措施有保障。

e. 监测点附近无强大的电磁干扰,周围有稳定可靠的电力供应和避雷设备,通信线路容易安装和检修。

f. 区域点和背景点周边向外的大视野需360°开阔,1~10km方圆距离内应没有明显的视野阻断。

g. 应考虑监测点位设置在机关单位及其他公共场所时,保证通畅、便利的出入通道及条件,在出现突发状况时,可及时赶到现场进行处理。

⑧ 各环境空气质量评价城市点的最少点位数量应符合表2-3的要求,按建成区城市人口和建成区面积确定的最少监测点位数不同时,取两者中的较大值。

表2-3 环境空气质量评价城市点设置数量要求

| 建成区城市人口/人 | 建成区面积/km² | 最少监测点数 |
| --- | --- | --- |
| <25万 | <25 | 1 |
| 25万~50万 | 25~50 | 2 |
| 50万~100万 | 50~100 | 4 |
| 100万~200万 | 100~200 | 6 |
| 200万~300万 | 200~400 | 8 |
| >300万 | >400 | 按每50~60km²建成区面积设1个监测点,并且不少于10个点 |

## 2. 环境空气质量评价区域点、背景点

① 区域点和背景点应远离城市建成区与主要污染源,区域点原则上应离开城市建成区和主要污染源20km以上,背景点原则上应离开城市建成区和主要污染源50km以上。

② 区域点应根据我国的大气环流特征设置在区域大气环流路径上,反映区域大气本底状况,并反映区域间和区域内污染物输送的相互影响。

③ 背景点设置在不受人为活动影响的清洁地区,反映国家尺度空气质量本底水平。

④ 区域点和背景点的海拔高度应合适。在山区应位于局部高点,避免受到局地空气污染物的干扰和近地面逆温层等局地气象条件的影响;在平缓地区应保持在开阔地点的相对高地,避免空气沉积的凹地。

⑤ 监测点周围环境和采样口设置的具体要求与上文环境空气质量评价城市点中所述相同。

⑥ 环境空气质量评价区域点、背景点数量要求如下。

a. 区域点的数量由国家环境保护行政主管部门根据国家规划，兼顾区域面积和人口因素设置。各地方应根据环境管理的需要，申请增加区域点数量。

b. 背景点的数量由国家生态环境保护行政主管部门根据国家规划设置。

c. 位于城市建成区之外的自然保护区、风景名胜区和其他需要特殊保护的区域，其区域点和背景点的设置优先考虑监测点所代表的面积。

### 3. 污染监控点

① 污染监控点原则上应设在可能对人体健康造成影响的污染物高浓度区及主要固定污染源对环境空气质量产生明显影响的地区。

② 污染监控点依据排放源的强度和主要污染项目布设，应设置在固定污染源的主导风向和第二主导风向（一般采用污染最重季节的主导风向）的下风向的最大落地浓度区内，以捕捉到最大污染特征为原则进行布设。

③ 对于固定污染源较多且比较集中的工业园区等，污染监控点原则上应设置在主导风向和第二主导风向（一般采用污染最重季节的主导风向）的下风向的工业园区边界，兼顾排放强度最大的污染源及污染项目的最大落地浓度。

④ 地方环境保护行政主管部门可根据监测目的确定点位布设原则，增设污染监控点，并实时发布监测信息。

⑤ 监测点周围环境和采样口设置的具体要求与上文环境空气质量评价城市点中所述相同。

⑥ 污染监控点的数量由地方生态环境保护行政主管部门组织各地环境监测机构根据本地区环境管理的需要设置。

### 4. 路边交通点

① 一般应在行车道的下风侧，根据车流量的大小、车道两侧的地形、建筑物的分布情况等确定路边交通点的位置，采样口与道路边缘的距离不得超过20m。

② 由地方生态环境保护行政主管部门根据监测目的确定点位布设原则，设置路边交通点，并实时发布监测信息。

③ 监测点周围环境和采样口设置的具体要求与上文环境空气质量评价城市点中所述相同。

④ 路边交通点的数量由地方生态环境保护行政主管部门组织各地环境监测机构根据本地区生态环境管理的需要设置。

## 六、监测点位管理

① 环境空气质量监测点共分为国家、省、市、县四级，分别由同级环境主管部门负责管理。国务院环境保护行政主管部门负责国家环境空气质量监测点位的管理，各县级以上地方人民政府环境保护行政主管部门参照本标准对地方环境空气质量监测点位进行管理。

② 上级环境空气质量监测点位可根据生态环境管理需要从下级环境空气质量监测点位中选取。

③ 根据地方生态环境管理工作的需要以及城市发展的实际情况可申请增加、变更和撤销环境空气质量评价城市点，并报点位的环境保护行政主管部门审批。具体要求如下：

a. 城市建成区面积扩大或行政区划变动，导致现有城市点已不能全面反映城市建成区总体空气质量状况的，可增设点位；

b. 城市建成区建筑发生较大变化，导致现有城市点采样空间缩小或采样高度提升而不符合本标准要求的，可变更点位；

c. 城市建成区建筑发生较大变化，导致现有城市点采样空间缩小或采样高度提升而不符合本标准的，可撤销点位，否则应按本条第二款的要求，变更点位；

d. 新建或扩展的城市建成区与原城区不相连，且面积大于 $10km^2$ 时，可在新建或扩展区独立布设城市点，面积小于 $10km^2$ 的新、扩建成区原则上不增设城市点；

e. 新建或扩展的城市建成区与原城区相连成片，且面积大于 $25km^2$ 或大于原城市点平均覆盖面积的，可在新建或扩展区增设城市点；

f. 按照现有城市点布设时的建成区面积计算，平均每个点位覆盖面积大于 $25km^2$ 的，可在原建成区及新、扩建成区增设监测点位；

g. 环境空气质量评价城市点位变更后的城市点与原城市点应位于同一类功能区；

h. 点位变更时应就近移动点位，点位移动的直线距离不应超过 1km；

i. 变更后的城市点与原城市点位平均浓度偏差应小于 15%；

j. 在最近连续 3 年城市建成区内用包括拟撤销点位在内的全部城市点计算的各监测项目的年平均值与剔除拟撤销点后计算出的年平均值的最大误差小于 5% 的点位可申请撤销；

k. 该城市建成区内的城市点数量在撤销点位后仍能满足本标准要求。

④ 环境空气质量评价区域点及背景点的增加、变更和撤销由点位的环境保护行政主管部门根据实际情况与管理需求确定。

## 七、仪器设备介绍

### 1. 气象五参数一体式监测仪

气象五参数一体式监测仪（如图 2-3 所示）是专用于气象监测的传感器，可同时在线监测温度、湿度、风速、风向、气压五个主要气象要素。

（1）测量原理

① 气温和相对湿度　温度通过一个高精度 NTC（负温度系数）电阻进行测量，而湿度则通过一个电容式传感器进行测量。为了降低外部影响（例如太阳辐射），这些传感器应置于防辐射、通风良好的外壳内。与传统非通风式传感器

图 2-3　气象五参数一体式监测仪

相比，此类传感器在强辐射条件下测量精度更高。结合气压因素，可根据气温和相对湿度（RH）来计算露点、绝对湿度和混合比等参数。

② 气压　通过一个内置传感器（MEMS）测量绝对气压。利用当地海拔高度（用户可在设备中设定），通过气压公式可计算出以海平面为基准的相对气压。

③ 风向和风速　风力计中有 4 个超声波传感器，可在各个方向循环进行测量。根据测得的声波传输时间差异计算并确定最终风速和风向。该传感器内置了一个风的检测质量输出信号作为参考，从而指出在测量期间有多少合格的测量数据。

（2）技术指标

气象五参数技术指标参数详见表 2-4。

表 2-4　气象五参数技术指标参数

| 测量项目 | 测量范围 | 测量精度 | 备注 |
| --- | --- | --- | --- |
| 气压 | 300～1200hPa | ±0.5hPa | 模拟或数字信号<br>R485 标准接口 |
| 风向 | 0°～360° | ±3° | |
| 风速 | 0～75m/s | ±0.3m/s | |
| 气温 | −50～60℃ | ±0.2℃ | |
| 湿度 | 0%～100%(RH) | ±2%(RH) | |

（3）设备特点

① 采用先进的、高精度、坚固耐用的工业级气象传感器。超声波气象站重量轻，体积小巧，便于安装。

② 外形坚固可靠，没有转动部件，不易损坏。

③ 测量精度较高，没有机械转动部件，寿命长，在超大风速下也便于使用。

④ 不受启动风速影响，0 风速起即可测量，亦适合于微风的测量。

⑤ 由于其特有的工作原理不需要昂贵的现场校准或维护，免去了固定站高位安装拆卸的困难。

⑥ 超声波技术是非接触测量技术，不易受外界条件影响，针对寒冷天气，有相应的自动加热功能。

## 2. 二氧化硫自动监测仪

（1）设备介绍

AM-1036 型二氧化硫自动监测仪（如图 2-4 所示）是一款基于紫外荧光技术的 $SO_2$ 自动监测仪，可检测 nmol/mol～μmol/mol（ppb～ppm）级 $SO_2$ 浓度，为环境空气质量监测系统的重要分析仪之一，用于检测和评价环境空气质量参数中的 $SO_2$ 浓度水平。

图 2-4　AM-1036 型二氧化硫自动监测仪

(2) 工作原理

AM-1036 型二氧化硫自动监测仪采用紫外荧光法,在 Zn 灯 (214nm) 的照射下,$SO_2$ 分子接收紫外线能量成为激发态的 $SO_2$ 分子,在激发态的 $SO_2$ 分子返回基态时,发射出特征荧光,由光电倍增管将荧光强度信号转换成电信号,通过测量电信号得到空气中的 $SO_2$ 浓度。

(3) 设备特点

① 采用最新的光学模块以保证测量信号的稳定性和灵敏性。

② 具有远程控制功能,仪器内置 Web 服务器,可通过有线或无线网等方式远程访问仪器,实现状态查看、数据查询、系统控制、诊断及软件升级等功能。

③ 具有动态显示功能,可实时显示动态流程图、校准曲线图等。

④ 智能检测仪器的故障,引导客户操作仪器及更换耗材,易维护。

⑤ 具有自动校准功能,可设定设备定期开展自动校准的功能。

⑥ 设备采用模块化环保设计,功耗低。

(4) 技术指标

$SO_2$ 技术指标参数详见表 2-5。

表 2-5 $SO_2$ 技术指标参数

| 技术项目 | | $SO_2$ 指标要求 | 单位 |
|---|---|---|---|
| 测量范围 | | 0~0.5 | μmol/mol |
| 零点噪声 | | ≤1 | nmol/mol |
| 量程噪声 | | ≤5 | nmol/mol |
| 最低检出限 | | ≤2 | nmol/mol |
| 示值误差 | | ±2% F.S. | — |
| 20%量程精密度 | | ≤5 | nmol/mol |
| 80%量程精密度 | | ≤10 | nmol/mol |
| 24h 零点漂移 | | ±5/24h | nmol/mol |
| 24h20%量程漂移 | | ±5/24h | nmol/mol |
| 24h80%量程漂移 | | ±10/24h | nmol/mol |
| 响应时间(上升/下降) | | ≤300 | s |
| 电压稳定性 | | ±1% F.S. | — |
| 流量稳定性 | | ±10% | — |
| 环境温度变化影响 | | ≤1/℃ | nmol/mol |
| 干扰成分的影响 | | ±4% F.S.(2%$H_2O$) | — |
| | | ±4% F.S.(0.1μmol/mol 甲苯) | — |
| 采样口和校准口浓度偏差 | | ≤1% | — |
| 无人值守工作时间 | 长期零点漂移 | ±10/7d | nmol/mol |
| | 长期量程漂移 | ±20/7d | nmol/mol |
| | 平均故障间隔天数 | ≥7 | d |

注:表中"F.S."为满量程,下同。

### 3. 氮氧化物自动监测仪

（1）设备介绍

AM-1046 型氮氧化物自动监测仪（如图 2-5 所示）是一款基于化学发光技术的 $NO_x$ 分析仪，可检测 nmol/mol～μmol/mol（ppb～ppm）级 $NO_x$ 浓度，为环境空气质量监测系统的重要分析仪之一，用于检测和评价环境空气质量参数中的 $NO_x$ 浓度水平。

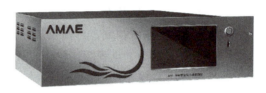

图 2-5　AM-1046 型氮氧化物自动监测仪

（2）工作原理

AM-1046 型氮氧化物自动监测仪采用化学发光法，即一氧化氮与臭氧反应生成激发态的 $NO_2$，激发态的 $NO_2$ 回到基态时释放波长在 600～1200nm 的发光能量，通过检测释放光子的能量，利用朗伯-比尔（Beer-Lambert）定律求出 $NO_2$ 的浓度。

（3）设备特点

① 采用最新的光学模块以保证测量信号具有较好的稳定性和灵敏性。

② 具有远程控制功能，仪器内置 Web 服务器，可通过有线或无线网等方式远程访问仪器，实现状态查看、数据查询、系统控制、诊断及软件升级等功能。

③ 具有动态显示功能，可实时显示动态流程图、校准曲线图等。

④ 智能检测仪器的故障，引导客户操作仪器及更换耗材，易维护。

⑤ 具有自动校准功能，可设定设备定期开展自动校准的功能。

⑥ 设备采用模块化环保设计，功耗低。

（4）技术指标

$NO_2$ 技术指标参数详见表 2-6。

表 2-6　$NO_2$ 技术指标参数

| 技术项目 | $NO_2$ 指标要求 | 单位 |
| --- | --- | --- |
| 测量范围 | 0～0.5 | μmol/mol |
| 零点噪声 | ≤1 | nmol/mol |
| 量程噪声 | ≤5 | nmol/mol |
| 最低检出限 | ≤2 | nmol/mol |
| 示值误差 | ±2% F.S. | — |
| 20%量程精密度 | ≤5 | nmol/mol |
| 80%量程精密度 | ≤10 | nmol/mol |
| 24h 零点漂移 | ±5/24h | nmol/mol |

续表

| 技术项目 | | NO₂ 指标要求 | 单位 |
|---|---|---|---|
| 24h20％量程漂移 | | ±5/24h | nmol/mol |
| 24h80％量程漂移 | | ±10/24h | nmol/mol |
| 响应时间(上升/下降) | | ≤300 | s |
| 电压稳定性 | | ±1％ F.S. | — |
| 流量稳定性 | | ±10％ | — |
| 环境温度变化影响 | | ≤3/℃ | nmol/mol |
| 转换效率 | | ＞96％ | — |
| 干扰成分的影响 | | ±4％ F.S.<br>(2.5％$H_2O$) | — |
| | | ±4％ F.S.<br>(1$\mu$mol/mol $NH_3$) | — |
| 采样口和校准口浓度偏差 | | ≤1％ | — |
| 无人值守<br>工作时间 | 长期零点漂移 | ±10/7d | nmol/mol |
| | 长期量程漂移 | ±20/7d | nmol/mol |
| | 平均故障间隔天数 | ≥7 | d |

### 4. 一氧化碳自动监测仪

（1）设备介绍

AM-1056型一氧化碳自动监测仪（如图2-6所示）是基于分散红外吸收技术测量$\mu$mol/mol级CO的分析仪，为环境空气质量监测系统的分析仪之一，用于检测和评价环境空气质量参数中的CO浓度。

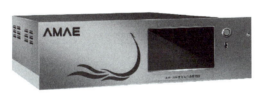

图2-6　AM-1056型一氧化碳自动监测仪

（2）工作原理

AM-1056型一氧化碳自动监测仪采用气体滤波相关红外吸收法，通过一氧化碳对4.67$\mu$m红外吸收的特性，用光电检测器检测被吸收光的强度，利用朗伯-比尔定律求出CO的浓度。

（3）设备特点

① 可以自动或者手动调节响应时间，确保了低浓度CO监测数据的有效性。

② 具有远程控制功能，仪器内置Web服务器，可通过有线或无线网等方式远程访问仪器，实现状态查看、数据查询、系统控制、诊断及软件升级等功能。

③ 具有动态显示功能，可实时显示动态流程图、校准曲线图等。

④ 智能检测仪器的故障，引导客户操作仪器及更换耗材，易维护。

⑤ 优化了结构设计，提升了仪器的保温性和稳定性。
⑥ 具有自动校准功能，可设定设备定期开展自动校准的功能。
⑦ 设备采用模块化环保设计，功耗低。

（4）技术指标

CO 技术指标参数详见表 2-7。

表 2-7　CO 技术指标参数

| 技术项目 | | CO 指标要求 | 单位 |
| --- | --- | --- | --- |
| 测量范围 | | 0～50 | $\mu mol/mol$ |
| 零点噪声 | | ≤0.25 | $\mu mol/mol$ |
| 量程噪声 | | ≤1 | $\mu mol/mol$ |
| 最低检出限 | | ≤0.5 | $\mu mol/mol$ |
| 示值误差 | | ±2% F.S. | — |
| 20%量程精密度 | | ≤0.5 | $\mu mol/mol$ |
| 80%量程精密度 | | ≤0.5 | $\mu mol/mol$ |
| 24h 零点漂移 | | ±1/24h | $\mu mol/mol$ |
| 24h20%量程漂移 | | ±1/24h | $\mu mol/mol$ |
| 24h80%量程漂移 | | ±1/24h | $\mu mol/mol$ |
| 响应时间(上升/下降) | | ≤240 | s |
| 电压稳定性 | | ±1% F.S. | — |
| 流量稳定性 | | ±10% | — |
| 环境温度变化影响 | | ≤0.3/℃ | $\mu mol/mol$ |
| 干扰成分的影响 | | ±5% F.S.（2.5% $H_2O$） | — |
| | | ±5% F.S.（1000$\mu mol/mol$ $CO_2$） | — |
| 采样口和校准口浓度偏差 | | ≤1% | — |
| 无人值守工作时间 | 长期零点漂移 | ±2/7d | $\mu mol/mol$ |
| | 长期量程漂移 | ±2/7d | $\mu mol/mol$ |
| | 平均故障间隔天数 | ≥7 | d |

### 5. 臭氧自动监测仪

（1）设备介绍

AM-1066 型臭氧自动监测仪（如图 2-7 所示）是一款高精度臭氧校准仪，是基

图 2-7　AM-1066 型臭氧自动监测仪

于紫外检测技术开发的一台标准传递仪器，是环境大气 $O_3$ 分析仪和 $O_3$ 发生器理想的校准工具。AM-1066 型臭氧自动监测仪为环境空气质量监测系统的分析仪之一，用于检测和评价环境空气质量参数中的 $O_3$ 浓度。

（2）工作原理

AM-1066 型臭氧自动监测仪采用紫外吸收法测量 $O_3$ 原理，当空气样品以恒定的流速进入仪器的气路系统时，样品空气交替或直接进入吸收池，利用 $O_3$ 对波长 253.7nm 的紫外线有特征吸收，用光电检测器检测被吸收光的强度，利用朗伯-比尔定律求出臭氧的浓度。

（3）设备特点

① 具有远程控制功能，仪器内置 Web 服务器，可通过有线或无线网等方式远程访问仪器，实现状态查看、数据查询、系统控制、诊断及软件升级等功能。

② 具有动态显示功能，可实时显示动态流程图、校准曲线图等。

③ 具有独特的设计，尺寸小、效能高、紧凑、轻便，能够提供极佳的测量性能。

④ 具有自动校准功能，可设定设备定期开展自动校准的功能。

⑤ 设备采用模块化环保设计，功耗低。

（4）技术指标

$O_3$ 技术指标参数详见表 2-8。

表 2-8 $O_3$ 技术指标参数

| 技术项目 | | $O_3$ 指标要求 | 单位 |
| --- | --- | --- | --- |
| 测量范围 | | 0～0.5 | $\mu mol/mol$ |
| 零点噪声 | | ≤1 | $nmol/mol$ |
| 量程噪声 | | ≤5 | $nmol/mol$ |
| 最低检出限 | | ≤2 | $nmol/mol$ |
| 示值误差 | | ±2% F.S. | — |
| 20%量程精密度 | | ≤5 | $nmol/mol$ |
| 80%量程精密度 | | ≤10 | $nmol/mol$ |
| 24h 零点漂移 | | ±5/24h | $nmol/mol$ |
| 24h20%量程漂移 | | ±5/24h | $nmol/mol$ |
| 24h80%量程漂移 | | ±10/24h | $nmol/mol$ |
| 响应时间（上升/下降） | | ≤300 | s |
| 电压稳定性 | | ±1% F.S. | — |
| 流量稳定性 | | ±10% | — |
| 环境温度变化影响 | | ≤1/℃ | $nmol/mol$ |
| 干扰成分的影响 | | ±4% F.S.（2% $H_2O$） | — |
| | | ±4% F.S.（1$\mu mol/mol$ 甲苯） | — |
| 采样口和校准口浓度偏差 | | ≤1% | — |
| 无人值守工作时间 | 长期零点漂移 | ±10/7d | $nmol/mol$ |
| | 长期量程漂移 | ±20/7d | $nmol/mol$ |
| | 平均故障间隔天数 | ≥7 | d |

### 6. 大气颗粒物自动监测仪

（1）设备介绍

AM-1026 型大气颗粒物自动监测仪（如图 2-8 所示）是一款基于 β 射线技术的颗粒物分析仪，可检测大气中 TSP、$PM_{10}$、$PM_{2.5}$、$PM_1$ 的含量。图 2-9（a）～（c）分别为 $PM_{10}$ 切割器、$PM_{2.5}$ 切割器和纸带检测模块。AM-1026 型大气颗粒物自动监测仪为环境空气质量监测系统的分析仪之一，用于检测和评价环境空气质量参数中的 $PM_{10}$ 与 $PM_{2.5}$ 浓度。

图 2-8　AM-1026 型大气颗粒物自动监测仪

(a) $PM_{10}$ 切割器　　　　(b) $PM_{2.5}$ 切割器　　　　(c) 纸带检测模块

图 2-9　AM-1026 型大气颗粒物自动监测仪内部模块

（2）工作原理

AM-1026 型大气颗粒物自动监测仪是采用 β 射线技术的颗粒物分析仪。β 射线法是大气颗粒物监测的一种常用方法，C14 放射源发出的 β 粒子（即电子）具有较强的穿透力，当它穿过一定厚度的吸收物质时，其强度随吸收厚度增加而逐渐减弱。测量时，抽气泵以恒定的流量抽取待测空气，经过颗粒物切割器后，空气动力学粒径大于特定粒径的颗粒物被截留到切割器中，目标粒径颗粒物则留在气流中，并沉积在纸带上，通过分析颗粒物沉积前后的 β 射线强度变化就可以得到大气颗粒物的浓度。

(3) 设备特点

① 采用闪烁体光电倍增管作为 β 射线探测器，探测效率高、使用寿命长。

② 具有动态加热功能，动态加热系统（DHS）可减少水分对监测的影响。

③ 能够智能监控设备运行状态，对设备滤纸、计数、走纸、加热等故障智能提醒。

④ 具有远程控制功能，仪器内置 Web 服务器，可通过有线或无线网等方式远程访问仪器，实现状态查看、数据查询、系统控制、诊断及软件升级等功能。

⑤ 仪表采用小型化集约设计，重点考虑了设备的准确性、稳定性、可靠性、便携性及经济性。

⑥ 使用原位检测方法，采用省纸工作模式，维护周期大大缩短。

⑦ 接口丰富，具备数字量、模拟量输出接口和数字通信接口。

⑧ 具备完善的日志系统，可记录三年以上的数据、操作、维护等日志信息。

(4) 技术指标

$PM_{2.5}$ 技术指标参数详见表 2-9，$PM_{10}$ 技术指标参数详见表 2-10。

表 2-9 $PM_{2.5}$ 技术指标参数

| 技术项目 | | $PM_{2.5}$ 指标要求 | 单位 |
|---|---|---|---|
| 测量范围 | | 0~1000 | $\mu g/m^3$ |
| 采样流量 | | 16.67 | L/min |
| 时钟误差 | 正常条件下 | ≤±20 | s |
| | 断电条件下 | ≤±120 | |
| 温度示值误差 | | ±2 | ℃ |
| 校准膜重现性 | | ±2% | — |
| 流量测试 | 平均流量偏差 | ±5% | — |
| | 流量相对标准偏差 | ≤2% | |
| | 平均流量示值误差 | ≤2% | |
| 参比方法比对测试 | 冬季斜率 | 1±0.15 | |
| | 冬季截距 | 0±10 | $\mu g/m^3$ |
| | 冬季相关系数 | ≥0.93 | |
| 平行线 | | ≤15% | — |
| 数据有效率 | | ≥85% | — |

表 2-10 $PM_{10}$ 技术指标参数

| 技术项目 | | $PM_{10}$ 指标要求 | 单位 |
|---|---|---|---|
| 测量范围 | | 0~1000 | $\mu g/m^3$ |
| 采样流量 | | 16.67 | L/min |
| 时钟误差 | 正常条件下 | ≤±20 | s |
| | 断电条件下 | ≤±120 | |
| 温度示值误差 | | ±2 | ℃ |

续表

| 技术项目 | | PM$_{10}$ 指标要求 | 单位 |
|---|---|---|---|
| 校准膜重现性 | | ±2% | — |
| 电压稳定性 | | ±5% | — |
| 流量稳定性 | 单次测试点 | ±10% | — |
| | 24h 平均 | ±5% | — |
| 参比方法比对测试 | 冬季斜率 | 1±0.15 | — |
| | 冬季截距 | 0±10 | μg/m$^3$ |
| | 冬季相关系数 | ≥0.95 | — |
| 平行线 | | ≤10% | — |
| 数据有效率 | | ≥85% | — |

#### 7. 动态校准仪

（1）设备简介

AM-1901 型动态校准仪是一台用于校准精密气体分析仪的基于微处理器的校准仪（如图 2-10 所示），能依据外接标准气体种类提供精确浓度的标准气体输出，完成大气自动监测分析仪器的零点、跨度、精密度及多点校准工作。AM-1901 型动态校准仪使用高精度的质量流量控制器，控制标准浓度压缩气体和稀释气体的流量，可以对气体分析仪进行零点校准和量程校准，最多可使用 4 种标准气源。

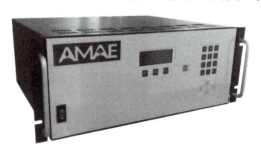

图 2-10  AM-1901 型动态校准仪

AM-1901 型动态校准仪可以配备可选的紫外臭氧发生器，提供准确可靠的校准浓度臭氧气体；并配备了内部气相滴定（GPT）室，混合 NO 标准气体和臭氧，产生标准浓度 NO$_2$ 气体。为了提高臭氧发生器和 GPT 的精度，可以在内部配置一个可选的臭氧光度计准确测量所产生臭氧的浓度。为了确保最高的 NO$_2$ 输出精度，配置臭氧光度计的校准仪在启动 GPT 前可以预先准确测量臭氧浓度。仪器配置了一个稳定的存储器，可以存储几乎无限数量的校准流程，覆盖时间可达一年。

用户可以通过仪器面板手动操作，或利用 RS-232、以太网和 USB（通用串行总线）等通信方式通过软件实现仪器的设置、控制，访问存储的数据和诊断信息，执行零点和量程校准。

（2）设备特点

① 能依据外接标准气体种类提供精确浓度的标准气体输出，完成大气自动监测分析仪器的零点、跨度、精密度及多点校准工作。

② 仪器界面操作方便，显示直观。

③ 内置程序，自动计算稀释气体流量或稀释比。

④ 具有气相滴定功能（GPT）。

⑤ 具有自动诊断功能，可方便、快速地查出仪器故障功能。

⑥ 当仪器在流量、压力等不正常时会自动发生报警。

（3）技术指标

多气体校准装置有关气体稀释比率、流量线性误差、臭氧发生浓度误差等相关具体技术指标参数详见表 2-11。

表 2-11　校准仪技术指标参数

| 技术项目 | 指标要求 | 单位 |
| --- | --- | --- |
| 稀释比率 | 1/2000～1/20 | — |
| 流量线性误差 | ±1% | L/min |
| 臭氧发生浓度误差 | ±2% | ℃ |

### 8. 零气发生器

（1）设备简介

AM-1801 型零气发生器（如图 2-11）是一个纯净空气发生系统，它由微油式活塞泵以及 $SO_2$、NO、$NO_2$、$O_3$、CO、$H_2S$ 和碳氢化合物（选配）涤除器组成，能够连续提供 20L/min、30psi（1psi＝6.895kPa）的干燥、洁净的空气。

图 2-11　AM-1801 型零气发生器

（2）设备特点

① 能够通过多参数动态气体校准仪控制压缩机的启动和停止，延长压缩机寿命。

② 仪器可以进行自动控制，内置双缸压缩机。

③ 具有来电自动启动功能。

④ 具备压力箱释放功能。

⑤ 冷凝水过滤器对湿空气进行初级过滤，冷凝水能够自动排出。

⑥ 再生洗涤器对空气进行完全干燥，涤除效率高，无须维护。

（3）设备用途

配套动态校准仪，作为稀释的零气源，零气通过空气压力调节器控制，保证输出压力稳定。

### 9. 配套采样系统（采样总管）

（1）工作原理

采样管的上下两端各有一个温度传感器，温度控制器监测温度、设定温度。当温度达不到设定值时，开始加热（与空调的原理类似）。下管缠绕加热线，通过36V电压进行加热。管身内层为聚四氟乙烯，中间缠绕加热线，外层为不锈钢管。

（2）性能特点

① 结构新颖，防腐防尘。

② 分体结构，便于安装和拆卸。

③ 具有加热功能，除露除霜，电压可靠稳定。

④ 采用限流设计，气流稳定，压力小于5Pa。

⑤ 免清洗，加热时内壁保持干燥。

⑥ 具有来电自动启动功能。

（3）技术参数

国技仪器空气质量自动监测系统所用的采样总管的技术参数详见表2-12。

表2-12 采样总管技术参数

| 技术项目 | 技术参数 | 单位 |
| --- | --- | --- |
| 流量 | 0.14 | $m^3/min$ |
| 流速 | 0.8 | $m/s$ |
| 频率 | 50 | $Hz$ |
| 绝缘电阻 | >5 | $m\Omega$ |
| 功率 | 40～80 | $W$ |

## 八、站房建设

环境空气在线监测站（如图2-12所示）的建设和内部设计均满足《环境空气气

图2-12 环境空气在线监测站

态污染物（$SO_2$、$NO_2$、$O_3$、CO）连续自动监测系统安装验收技术规范》（HJ 193—2013）和《环境空气颗粒物（$PM_{2.5}$ 和 $PM_{10}$）连续自动监测系统安装验收技术规范》中相关要求。

1. 站房设计原则

站房一般为彩钢夹芯板建筑，设计方案须保证站房牢固，能抗恶劣气候，并有有效的安全措施。站房顶有加固和防渗漏措施，避免漏雨，方便维护。具体需要遵循以下原则。

（1）站房总体安全可靠性

严格控制站房重量，站房整体结构可靠。站房内部布局要注意避免产生尖锐突出物。

（2）站房结构安全可靠性

各类设备、设施、物品在站房设计时均要考虑连接可靠性与安放稳定性，避免在使用过程中出现松动松动、变形移位等现象，保证仪器与设备安全。

（3）站房安装使用方便性

合理设计站房的外形总体尺寸，充分考虑安装的实用性。

（4）站房环境适应性

按照使用要求设计适应当地环境的站房，满足操作条件，适应周边环境。充分考虑站房的防腐密封性，防水、防雨、防尘，站房房顶应铺设塑钢网，提高站房房顶承重强度。所有地板穿线、穿管、骨架设备的安装位置均要做涂胶密封处理，保证地板的密封防尘性。

（5）站房使用方便性

站房与各系统的设计要满足灵活、方便、快捷、安全的使用要求，保证站房到达现场后能尽快进入工作状态。

（6）站房抗震性

站房与各系统要充分考虑减震、降噪、隔声以及人机工程的要求，从结构上、材料上、工艺上确保各设备安全正常工作，并保证内部人员良好舒适的工作环境。

抗震性能要通过多种减震方式灵活运用，根据不同的设备抗震要求，选择合适的手段。

2. 站房设计要求

站房的设计要根据国家及行业相关要求，并结合现场勘察情况。具体设计遵循以下要求。

① 站房有排风系统，具有较好的保温性能；有条件时，门与仪器房之间可设缓冲间，以保持站房内温度和湿度的恒定，阻挡灰尘和泥土进入站房；除能安放全部监测仪器外，整体站房内部布局合理，避免阳光直射仪器。

② 墙面上部分按要求喷涂环保标志及站点名称。

③ 房顶为平面结构，坡度不大于10°，房顶安装护栏，护栏高度不低于1.2m，并预留采样管安装孔。站房室内使用面积15$m^2$，宽度不小于4m。

④ 站房整体采用无骨架拼装结构，安装方便、快速、美观。站房门选用标准防盗门，颜色为白色，与站房外墙颜色色调一致，安全美观，密封、保温性能优良，不锈钢防锈安全锁，整体下压式门把手。采用结构防水措施，彻底防漏雨，避免了密封胶防漏的弊病。

⑤ 监测站房应配备通往房顶的Z字形梯或旋梯，房顶承重大于等于$250kg/m^2$。

⑥ 站房室内地面到天花板的高度不小于2.5m，且距离站房屋顶平台不超过5m。

⑦ 站房有防水、防潮措施，一般站房地层应离站房地面（或建筑房顶）有25cm以上的距离，房顶应具有隔热、防水的能力。

⑧ 站房有防雷和防电磁波干扰的设施，防雷接地装置的选材和安装参照GB 50343—2012相关要求。

⑨ 站房墙体有较好的保温性能，站房内墙面和地面平整。

⑩ 站房为无窗结构，门与仪器房之间设有缓冲间，以保持站房内温湿度恒定和防止灰尘、泥土进入站房内。

⑪ 站房下部的墙壁20cm处预留采样装置抽气风机、排气风机和监测仪器排气口，空气质量监测站（6参数）站房顶部预留采样总管入口一个、颗粒物采样管入口二个，颗粒物监测站（2参数）站房顶部预留颗粒物采样管入口两个，在这些开孔的位置上安装转接法兰，并做好防水、防腐处理。空气监测仪器站房选用净化彩钢板现场组装而成，安装灵活、结构可靠。

⑫ 在已有建筑物屋顶上建设站房时，若站房重量经正规建筑设计部门核实超过屋顶承重，在建站房前应先对建筑物屋顶进行加固。

⑬ 监测站房采用彩钢夹芯板搭建，符合相关临时性建（构）筑物设计和建造要求。

⑭ 监测站房的设置避免对企业安全生产和环境造成影响。

⑮ 站房有良好的隔声、除噪、减振措施，以最大限度减少对周围环境的影响。

⑯ 仪器设备的安装满足仪器本身对监测环境的要求。

⑰ 建设站房用的所有材料为环保材料，站房室内空气质量达到《室内环境空气质量标准》。

⑱ 空气自动监测站站牌（标识）制作符合《国家地表水、空气自动监测站和环境监测车标牌（标识）制作规定》（环办［2012］29号）文件中的相关规定，站点名称等基础信息根据具体实际情况而定。站房内附有规章制度、操作程序展示栏。

**3. 站房技术要求**

① 站房面积需能够容纳所有规划涉及的监测仪器设备，并预留人员操作和仪器维修的空间，站房室内面积应在$15m^2$以上。

② 站房需设置为平顶结构（坡度不大于10°），站房房顶需设置必要的不锈钢护栏，高度不低于1.2m。站房应配备通往房顶的Z字形梯或坡梯及不锈钢护栏，房顶承重要求大于$250g/m^2$。

③ 站房四周基础使用混凝土结构，中间填充空心砖或使用混凝土楼板或采用其他有防潮措施的刚性地板等。

④ 站房须有防水、防潮、隔热、保温措施，一般站房地层应离地面（或楼顶）有 25cm 以上的距离。

⑤ 站房应为无窗结构，墙体应有好的保温性能。站房需在门与仪器房之间设置缓冲间，以保持站房内温湿度恒定和防止灰尘、泥土进入站房内。

⑥ 站房视环境条件安装温湿度控制设备（空调、暖气、除湿器），使站房室内温度在 25℃（±5℃），相对湿度控制在 80% 以下。应安装有温湿度传感显示器。

⑦ 在站房内设置来电自启动式空调机和装带外遮盖的换气扇。空调和换气扇的使用视环境条件变化合理设置，空调出风口不得直对采样管。

⑧ 站房室内地面到天花板的高度应不小于 2.5m，且距房顶平台的高度不大于 5m。

⑨ 新建站房的房顶需预先设置采样进气的预留口，参考孔径为 60~140mm。预留口需在建筑施工时使用不锈钢或工程塑料钢管同时建造，钢管的两端需预留法兰（房顶一侧的法兰需留有足够高度，避免雨雪影响），用于采样管的固定或接入，以免反复在房顶打孔，破坏防水层和隔热层。

⑩ 零气的进气需从外界接入时，采样口应设置在墙壁的上方，或通过采样预留口接入。

⑪ 采样装置的抽气风机排气口和监测仪器的排气口位置，应设置在靠近站房下部的墙壁上，排气口离站房内地面的距离应保持在 20cm 以上。

⑫ 在站房顶上设置用于固定气象传感器的气象杆或气象塔时，气象杆、塔与站房顶的垂直高度应大于 2m，并且气象杆、塔和子站房的建筑结构应能经受 10 级以上的风力。

⑬ 站房供电须采用三相供电，入室处装有配电箱，配电箱内连接入室引线应分别装有三个单相 15A 空气开关作为三相电源的总开关，分相使用；站房监测仪器供电线路应独立走线。电源布设应符合国家用电相关安全要求，并满足设计和规划中总用电功率的需要。站房供电系统需考虑到空调所需要的大电流配电设施。设备和照明的供电应分路独立设置和控制，避免掉电对全部系统的影响。

⑭ 站房供电系统应配有电源过压、过载和漏电保护等稳压电源装置，电源电压波动不超过 220V±10%。配电柜应有断电后延缓一定时间重新供电的电源延时智能装置，避免短时间内反复停电对仪器造成的冲击影响。

⑮ 站房的电源插座应尽可能设置在墙壁上，不要设置在地板上，以避免漏水的影响。站房需配置足够的电源插座板，并根据机位和其他设备的位置合理分布。

⑯ 站房应依照电工规范中的要求制作保护地线，用于机柜、仪器外壳等的接地保护，接地电阻应小于 4Ω。

⑰ 站房须有防雷装置和防电磁干扰设施。站房的防雷系统需覆盖包括气象杆、自动设备采样头、手工采样装置等高出房顶的设施。站房须有良好的接地线路。设备需配有信号防雷设施。

⑱ 站房应配备自动灭火装置、UPS 及两个室内外监控设施。站房应安装有排气风扇，排风扇要求带防尘百叶窗。

4. **典型站房设计图**

典型站房设计俯视图和正视图如图 2-13 所示。

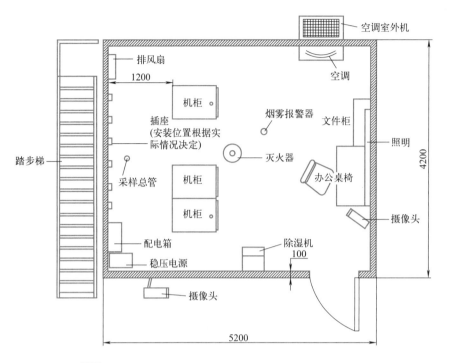

(a) 俯视图A

说明：
1.站房外尺寸：4200×5200mm，墙厚100mm；
2.侧面安装踏步梯。

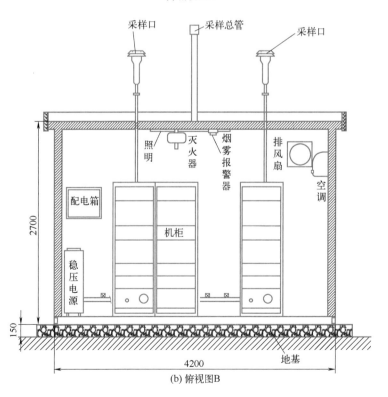

(b) 俯视图B

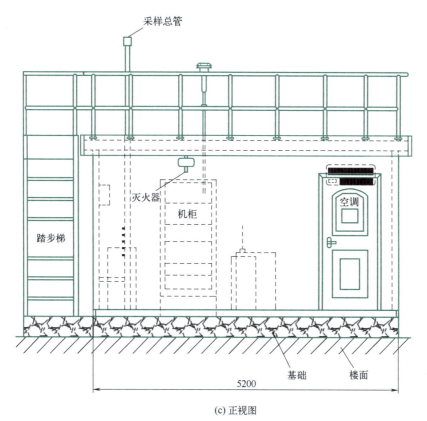

(c) 正视图

图 2-13 典型站房设计图

### 5. 站房配电方案

站房电气配电图如图 2-14 所示,供电示意图如图 2-15 所示。具体方案设计标准如下。

① 站房供电系统配有电源过压、过载和漏电保护装置,电源电压波动不超过 $(220\pm22)\text{V}$,频率波动不超过 $(52\pm1)\text{Hz}$。

② 站房内采用三相五线供电,入室处装有配电箱,配电箱内连接入室引线分别装有三个单相 15A 空气开关作为三相电源的总开关,分相使用。

③ 站房监测仪器供电线路独立走线。

④ 站房内空调和照明使用同一相供电,灯具安装以保证操作人员工作时有足够的亮度为原则,开关位置在站房进门使用方便处。

⑤ 站房交流电源使用的线路单股横截面积不得小于 $4\text{mm}^2$。

⑥ 站房依照电工规范中的要求制作保护地线,用于机柜、仪器外壳等的接地保护,接地电阻小于 $4\Omega$。

⑦ 站房的线路要求走线美观,明线必须加装线槽。

⑧ 在仪器架后墙上安置 4 个非稳压插座和 2 个稳压插座,在站房内合适位置安置空调用插座和预留稳压器的输入、输出电源线。

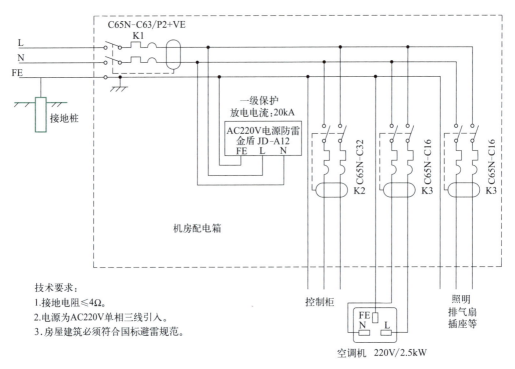

图 2-14 电气配电图

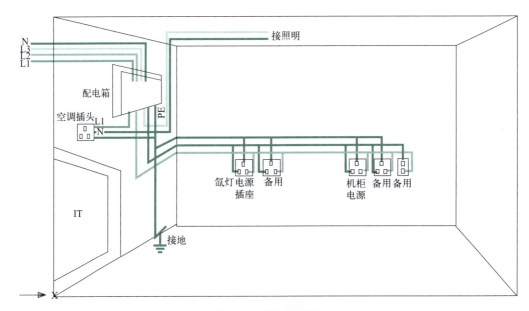

图 2-15 供电示意图

⑨ 业主提供满足要求的总电源 [380/220V（交流）、频率 50Hz]。

⑩ 自动监测设备所需电源由电力供电系统提供，供电电压为 $(220\pm20)$V（交流），频率为 $(50\pm1)$Hz，容量应满足设备正常运行，一般情况下不小于 6kVA，当电力供电电压不满足要求时，站房内配电箱中内置的稳压电源保证设备正常运行。配电箱中设置电源开关，附带过压式保护电子漏电保护器，可提供工频过电压保护。当

系统漏电电流≥300mA时，控制器开关自动分断。电源防雷器选用进口安世杰AM2-20/3＋AM＋NPE系列低压配电系统电涌保护器，该保护器具备大的雷电流泄放能力，最大放电电流20～80kA，可有效地保护监测系统的正常运行。信号防雷采用在信号线靠近设备端并联电涌保护器的方式进行防雷保护。

⑪ 为避免系统在运行当中突然停电造成数据丢失，以及不正常停机致使再上电时系统出现异常，数据采集系统采用在线式UPS不间断电源。在线式UPS电源额定功率3kVA，电池容量100AH，输入频率40～60Hz，在停电后至少能保持2h供电，以满足停电后仪器设备的正常运行、数据采集保存和数据远程传输等要求。在线式UPS通过串行口与数据采集仪实时通信，一旦站房断电，数据采集仪软件将即时监测到断电信息，将显示报警信息，并将报警信息通过GSM（全球移动通信系统）短信模块发到设定手机号码上，同时发送到中心站软件平台上，并在数据采集仪软件日志上做自动记录，可及时提醒站房运维工作人员和中心站管理人员，以便及时采取有效应对措施。

室内供电线路安装主要包括配电箱、控制开关、泵管、电气插座、照明、空调等。

① 在站房内部安装配电箱：配电箱内配置40A三相电度表1个、60A空气漏电保护总开关1个。

② 分三组单相220V/20A，各相分别设25A空气开关一个。具体为稳压插座一相（仪器用）、非稳压插座一相（采样泵和临行用电）、空调和照明一相。室内空调插座1个（220V/16A），其余安全电源插座6个，其中3个稳压、3个非稳压（220V/10A带地线插孔）。

③ 室内插座线缆为4mm$^2$的铜芯线，照明线缆为2.5mm$^2$的铜芯线，所有布线均用PVC线槽明敷。

④ 照明为40W日光灯3盏。

⑤ 排风部分，安装排风扇1组，保证室内空气流通良好。

### 6. 站房防雷设计

站房防雷设计标准如下。

① 站房避雷设施的选材和安装参照《通信局（站）防雷与接地工程设计规范》（YD 5098—2005）的相关要求，达到三级防雷级别。

② 避雷杆：分节焊接制作，最下一节用内径＞50mm镀锌铁管在保证强度的前提下，依次缩小管径，顶部的避雷针可用直径16mm的圆钢顶部磨尖制作。避雷针顶部与被保护物的夹角都在＜45°的范围内。为保证避雷杆的强度和稳定性，做三根拉线稳定避雷杆。拉线不与被保护物接触并远离。

③ 接地极：在距被保护物＞3m远处挖0.5m深、边长＞3m的三角形地沟，在沟的顶点底部用3根50mm×50mm、长2.5m的镀锌角钢打入地下，为接地极。三个接地极之间用直径16mm的圆钢或宽30mm的镀锌扁钢沿沟底用电焊相互连接。接避雷杆与接地极最近的一点之间也挖一条0.5m深的地沟；用直径16mm的

圆钢或宽 30mm 的镀锌扁钢沿沟底用电焊连接。所有焊接面积尽量大，接地电阻要<4Ω，如因土质问题接地电阻不够小，增加接地极数量或在接地极周围地下加入降阻剂。

④ 如被保护物建在楼顶屋面上，可不做接地极，将避雷杆底部与楼顶避雷带最近的接地引下点处用直径>12mm 的圆钢用电焊连接即可。

⑤ 电源避雷：在电源进户前安装电源避雷器。

⑥ 通信避雷：在线路进户前安装管形避雷器。

⑦ 仪器房间视周围地形按国家标准设置避雷设施，仪器房配电箱安装三级避雷器（10～40kA），设备前端安装三级信号避雷线。

⑧ 防雷设施安装完成，出具当地气象部门的检测报告。

### 7. 站房附属设施

（1）自启动空调

按照每个站点一台工作空调。空调为 1.5 匹，空调具备来电自启动功能和定时自动切换功能。根据相关标准中的规定，可以自动控制站房温度，保证设备正常运行。

（2）自动消防

灭火器采用悬挂式自动干粉灭火装置，每座站房配置 1 套 FZX-APT 干粉灭火器，用于应对突发的情况。

FZX-APT 型悬挂式自动干粉灭火器安装在距离地面 2.5m 高的房顶，一旦出现火情自动开启灭火。它除了能有效地扑灭各种油类、易燃液体、可燃气体和电器设备等各种初起火灾外，还能有效地扑救木材、纸张、纤维等 A 类固体可燃物质的火灾。由于灭火器电绝缘性能很好，可以在不切断电源的条件下扑救电气设备火灾，所以还适合配置在室内外变压器、油浸开关等场所。

### 8. 站房监控

为实时监控环境空气质量自动监测站运行环境状况配套的软硬件设备系统，可监测的站房参数包括温度、湿度、电压、电流、水浸、烟雾等。当站房运行环境参数发生异常时，可以通过声光、手机短信、电子邮件等方式进行报警，及时智能地告知站房管理人员，确保管理人员第一时间掌控站房状态。

同时，可以实现对采样总管进行实时温度和湿度监控，采用实时监测的方式监控总管的冷凝现象并通过短信、APP（应用软件）信息进行预警提示。

## 九、安装调试及验收

空气自动监测站是一个由多种技术、多台仪器设备组成的综合系统，各个部分的运行情况都会对整个系统造成影响，必须建立一套科学全面的运行管理方案才能保证监测站的正常运行。

科学的运行管理是保证监测数据准确性和及时性的基本要求。及时维护保养系统部件，可以避免更多其他部件损坏，从而减少监测站的长期维修费用，延长监测站设备的使用寿命。

## 1. 空气自动监测站的安装施工

（1）施工准备

施工准备主要分为以下四个部分。

① 实施小组　针对此项目，成立实施小组，小组主要成员如表 2-13 所示。

表 2-13　实施小组成员表

| 序号 | 组内职位 | 姓名 | 负责项目 | 备注 |
| --- | --- | --- | --- | --- |
| 1 | 组长 |  | 主管技术 |  |
| 2 | 副组长 |  | 主管商务 |  |
| 3 | 组员 |  | 实施、安装、培训 |  |
| 4 | 组员 |  | 实施、安装、培训 |  |
| 5 | 组员 |  | 实施、安装、培训 |  |
| 6 | 组员 |  | 实施、安装、培训 |  |
| 7 | 组员 |  | 实施、安装、培训 |  |
| 8 | 组员 |  | 实施、安装、培训 |  |
| 9 | 组员 |  | 实施、安装、培训 |  |
| 10 | 组员 |  | 实施、安装、培训 |  |

② 现场考察　现场考察的目的是保证生产、调试和准备发货，指导工程施工，编写安装设计书的基础。输出文件为工程勘察报告、安装设计书。

需针对项目设计各类站点进行细致的勘察，积累大量的基础资料。对考察结果做详细记录，拍摄图片回公司讨论，并向客户提出最佳解决方案，经客户书面确认后编制详细方案。

新建站房需要考察的内容包括以下几方面。

a. 站房地点选择（代表性）；

b. 其他配套设施（电、通信等）。

改建站房需要考察的内容包括以下几方面。

a. 已建站房实际空间地理位置情况；

b. 需要其他配套设施（电、通信等）；

c. 设备安装位置等。

③ 施工图设计　施工图设计的目的是指导工程安装。输出文件为安装设计书。

施工组织设计会结合施工现场的多方面因素，全面分析工程的施工特点和实际理念，经过反复地比较、筛选，系统地编制整套建筑、安装方案。在施工技术方案、措施和作业指导书中给予全面的指导。施工图设计应包含以下内容。

a. 站房建设（改建）施工图纸；

b. 系统装配图；

c. 系统布局图；

d. 系统通信图；

e. 系统电路图；

f. 详列各个站所需物料清单、明细表及零部件。

施工设计资料将提交给业主，并经业主会议讨论后，站房建设部分再提交给承建方项目管理部进行执行。其余部分由本公司现场服务人员及其他厂商技术人员共同完成系统设备的安装。

现场勘察及施工设计流程如图 2-16 所示。

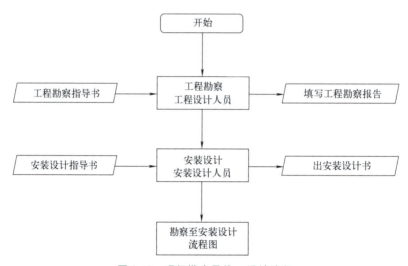

图 2-16　现场勘察及施工设计流程

④ 物资采购　此阶段的主要工作是采购经理根据工程总体统筹控制进度计划，适时进行工程所需物资的招标或咨询比价工作，采购质优价廉的设备及材料，满足工程要求。采购物资具体安排如下。

a. 对于本项目，本单位将安排 2 名有经验的采购人员完成物资的采购工作；

b. 根据合同内容及项目计划方案制订项目采购计划，做好外贸和内贸采购统筹安排；

c. 负责项目中紧急加工件和部件的应急采购；

d. 本次项目采购成本核算分析，向财务部、销售部和项目部提供项目相关采购分析报告。

(2) 施工实施阶段

施工阶段为初步实际审查完到整体安装完成。此阶段的主要工作是落实站房建设单位，进行站房建设的实施，按投标书、合同的承诺控制好项目的投资、质量、进度、安全四大目标，向业主交满意的工程。站房建设包括建筑材料的购置和施工，土建、电气、仪控、暖通、水工等分别规划任务和工作量。

配电箱及配套设备安装、施工要严格按国家和项目所在地有关电气设备安装工程规范组织施工。

① 新建子站的施工

a. 电源安装。引入独立走线的外部电源，至少为 6kW，供电建议三相供电，分相使用。电源要求为3相5线制，380V（AC）/50Hz。所配备的应是5芯电缆线，三相火线，并且电源线有严格的中线和地线，电源地线应不是与中线共用，是真正意义上的地线，应连接到地排上。因此，需用至少6mm²的电缆。电缆线采用金属软管保护，到达基座位置，可以通过保护套管到达站房配电柜后，分别给照明、空调、仪器设备供电，均为220V（AC）。

对于通信线、电源线的防护，可以采用PVC套管或金属管从基座底部通入站房，并且通信线、电源线单独进行管路防护，不应在同一个管子里。可以预先埋在钢筋混凝土层中，预埋管伸出部分应连接弯头以及防水。

b. 仪器设备安装。把所有的设备根据施工图纸装入各个仪器机柜，并根据要求接好电源线路及通信线路。

c. 通信安装。按照控制柜线路连接图把各线路和稳压电源、UPS、仪器等设备连接好。

d. 线路通电。通电前注意外露线必须绝缘，以免通电后出现短路；确定无短路现象后通电，确定各部门通电正常、控制正确；确保以上条件均成立后，打开电源开关，对仪器通电情况进行试验；对管路、线路进行必要的整理，并对站房进行卫生清理。

② 改建子站的施工

a. 施工前条件确认。在改建空气站时，首先确定施工前的条件，根据原有站房条件满足改建后的站房需要［站房内空间、供电系统（功率）等］。经客户允许，切断站内原有设备仪器的运行，并做好施工保护。

b. 在确保现场施工条件满足，并做好相关防护的前提下进行相关施工。

### 2. 空气自动监测站的调试

（1）调试交付阶段

调试交付阶段的目的是按照规范要求进行设备的调试，确保设备处于良好的工作状态。输出文件为设备开通问题报告和测试记录。

当所有仪器安装施工完毕后，整个运输进展的过程需要在业主或者监理参与的情况下进行。仪器到位后，进行下一步的安装调试工作。调试的主要任务如下。

① 根据工程计划书的调试计划，进行设备调试准备工作。

② 确保硬件安装上电无误后，才能保证系统调试顺利进行。

③ 系统调试人员应准备好相应的工具，包括硬件工具及软件工具。

④ 系统调试人员按照相应设备的《安装调试规范》进行设备的调试，调试过程对设备正常运行十分重要，因此要求现场调试人员严格按照操作规范进行工作。

⑤ 如有设备问题不能解决，填写《设备开通问题报告》，传真至用户服务部，由用户服务部协助解决，用户服务部及时将回执返回维护处。

⑥ 调试完成后，系统调试人员按照设备的《测试记录》有关项目进行认真测试并填写。

物资采购完成到现场调试的流程如图2-17所示。

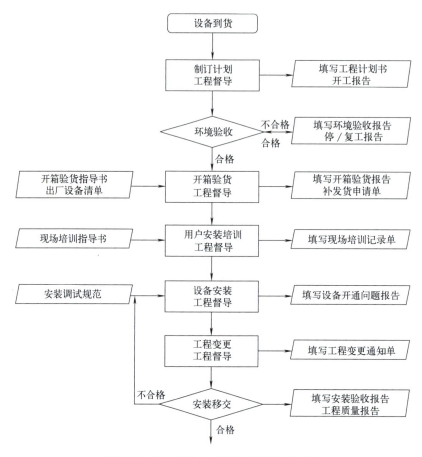

图 2-17 物资采购完成到现场调试的流程

（2）工程调试

工程调试的目的是检查项目施工情况，确保项目质量。输出的文件为项目质量报告。

工程调试的具体要求如下。

① 设备到达后，相关技术人员前往项目实施所在地进行安装调试。

② 系统调试人员在测试完设备后，系统调试人员与验收人员及用户方测试验收人员根据《测试记录》的内容进行设备开通的初步验收。

③ 若设备调试达不到标准要求，必须责令尽快返工。

④ 初步验收通过后，由验收测试人员负责下一步工作。

（3）设备调试检测

设备调试检测的目的是通过一定时间的试运行后，检验设备是否符合稳定运转的要求，并对各项技术指标、功能按行业标准和合同书上的规定要求进行检测。输出文件为运行记录、检测报告。

设备完成初步调试后，设备单机测试合格，测试人员填写运行记录、检测报告。

如果试运行的主要指标不符合要求，应尽快解决问题，并尽快恢复设备运行。

(4) 联网及联网测试计划

① 前期准备　预先获取所需联网的设备仪器的通信协议，与要联网的环保厅/环保局沟通，获取相关联网平台通信协议。

工控机与分析仪通信接口有如下几种方式。

a. RS-232 串口通信：工控机与分析仪器通过 RS-232 串口传输数据。

b. RS-485 串口通信：工控机与分析仪器通过 RS-485 串口传输数据。

c. TCP/IP 网络通信：工控机与分析仪器通过 TCP/IP 网络接口传输数据。

d. 4~20mA 模拟通道：工控机与分析仪器通过电流来传输数据。

② 编写数据采集软件　根据通信协议，编写数据采集软件。为了保证仪器的实时监控，确保数据的实时性，采集软件应采用周期读取的方式获取仪器的数据。采集软件需将获取的数据包解析，并依据中心站客户端平台统计分析软件通信协议打包将数据传输给环保监管单位或监测站。

③ 中心站客户端数据统计分析软件调试　依据方案组建 VPN（虚拟专网）网络架构，并进行网络连通性测试。测试软件的各项功能，并编制确定与子站数据采集传输仪对接的通信协议，联网测试。

④ 通信接口调试　将各污染因子分析仪器的对外通信接口通过工业交换机与工控机正确地连接，启动数据采集软件，确认接收数据的准确性和有效性。需要确保获取数据与仪器数据一致，且长时间运行数据不丢失。

⑤ 历史数据比对测试报告　对接成功后，需要让数据采集软件连续不断地获取数据，然后将数据保存在工控机中的数据库，通过查询工控机数据库的历史数据，并与仪器历史数据比对，得出测试报告。

⑥ 输出文件　联网测试人员填写联网测试报告。

(5) 各污染因子分析仪调试程序

主要是针对各污染因子分析仪性能指标进行测试。测试的主要内容包括仪器流量测定和气路检查、零点、量程校准等。单机调试的基本程序和要求如下。

① 按仪器设备说明书的要求进行仪器设备安装。仪器设备安装完毕后，应首先检查供电系统是否正常和仪器设备安装是否正确，保证设备气路连接正确且连接牢固。

② 在通电试验和仪器设备正常工作的情况下，按说明书要求进行仪器设备初始化设置。

③ 在设置无误的情况下进行单机测试。

④ 详细记录单机测试的结果，并与相应的仪器性能指标比对。

⑤ 对系统设备进行复检和性能测试。

3. 空气自动监测站的验收

空气自动监测站的验收包括仪器设备与备件验收、系统的功能及性能指标验收、运行考核和总体验收 4 个部分。各部分内容如下。

① 仪器设备与备件验收　根据设备清单对设备的品种、数量、型号、技术资料

进行验收（若是进口货物，还需对进口通关手续及其他相关进口证明文件进行验收），对照仪器设备及零配件清单进行清点，并列表记录存档。

② 系统的功能及性能指标验收　系统安装调试完毕后进行试运行，考核系统的各项技术指标，以达到验收标准为基准。

③ 运行考核　仪器单机或系统（若考虑仪器联网）调试后进行连续试运行考核，考核仪器设备运行和数据传输控制是否正常，性能指标是否达到设计和选型要求，系统有效数据获取率是否达到不小于90%的要求，并对运行考核情况做记录。

④ 总体验收　检查以上3个部分是否验收完毕，验收记录存档文件是否齐全，并整理编写验收工作总结报告，经业主和供应商双方签字确认。业主也可组织专家对仪器或系统进行审核验收。

## 十、质量保障和质量控制

### 1. 建立运行质量管理组织体系

环境空气自动监测系统由几个部分组成，只有做好每一个部分的运行质量管理工作，才能保障系统整体的有序运行。所以，应建立专门的系统维护管理部门，对系统的运行状况进行监督。一般一个环境空气自动监测站应配备3名质监人员，对设备的运行过程、运行状况进行定期检查并填写检查表，将发现的问题及时上报有关部门进行整改或复查。

针对目前市场上普遍存在的环境空气自动监测站技术人员不足的情况，一些大型空气自动监测站实施第三方运维及监管，第三方与原本的空气监测站进行沟通，相互配合来改善监测站管理质量。第三方监管机构拥有更专业的技术人员，掌握更先进的维护技术，专业性更强，维护管理效率更高。环境空气自动监测部门只需与第三方保持密切的沟通，就能清晰地掌握监测站的运行管理情况，对第三方的工作情况进行监督，在双方的有效沟通和配合下，促进监测站运行管理质量的提高。

### 2. 质量保障目标

建立完善的运行维护工作规范与质量管理体系，确保提供及时、准确、有效的监测数据，子站的运行质量应达到以下指标。

① 所获取的有效监测数据必须满足国家《环境空气质量标准》（GB 3095—2012）中规定的污染物浓度数据有效性最低要求，满足《国家大气光化学监测网自动监测数据审核技术指南（2021版）（试行）》《国家环境空气质量监测网城市站自动监测仪器关键技术参数管理规定（试行）》《国家环境空气质量监测网城市站运行管理实施细则（试行）》《环境空气非甲烷总烃连续自动监测系统技术规定（试行）》（总站气字[2021]61号）等和大气环境质量自动监测相关的标准规范、质量体系文件、质量控制计划等要求，建立运行保障制度，制定运维应急预案，确保整个系统正常稳定运行，并提交相应的记录文件。

② $SO_2$、$NO_x$、CO、$O_3$、$PM_{10}$、$PM_{2.5}$ 监测设备单设备运行率必须大于等于 90%（含），有效率必须高于 85%（含）；VOCs 监测设备运行率必须高于 85%（含），有效率必须高于 80%（含）。

③ 异常情况处理率 100%。

设备运行率是指已上传数据量与应上传数据量之比，数据有效率是指有效数据量与应上传数据量之比。

3. 工作要求

运维单位应遵守国家、省关于空气自动站运行管理的各项规定，如运维期间出台新的运行管理规定，则运维工作按最新规定执行。

(1) 运维工作一般要求

① 保持站房内部环境清洁，布置整齐；各仪器设备干净清洁，设备标识清楚。

② 保持站房外 20m 以内的环境清洁。

③ 检查供电和网络通信情况，保证系统的正常运行。

④ 保证空调正常工作，站房内温度 25℃，相对湿度保持在 80%（RH）以下。

⑤ 指派专人维护，设备固定牢固，门窗关闭良好，人走关门，非工作人员未经许可不得入内。

⑥ 定期检查消防和安全设施。

⑦ 每次维护后做好系统运行维护记录。

⑧ 进行维护时，应规范操作，注意安全，防止意外发生。

(2) 每日工作内容

每天上午和下午两次远程查看空气质量自动监测站和 VOCs 组分站数据并形成记录，分析监测数据，对站点运行情况进行远程诊断和运行管理，包括以下内容。

① 判断系统数据采集与传输情况。

② 根据电源电压、站房温度和湿度数据判断站房内部情况。

③ 发现监测数据异常，应立即通知当地生态环境管理部门，在每日 5 时～23 时出现的异常，应在 4h 内解决（通信线路、电力线路故障除外，但应及时与相关部门联系并积极解决），每日 0～5 时出现的异常，应在次日上午 10 时前解决。

④ 发生重污染天气等特殊情况后，应在 4h 内开展相应的运维工作。

⑤ 根据数据分析结果、设备状态参数和仪器故障报警信号，判断仪器运行情况和现场状况。

⑥ 检查每日检查数据是否及时上传并正常发布，发现数据断网及时恢复。

(3) 每周工作内容

每周至少巡检空气质量自动监测站 1 次（最大间隔期不得超过 8 天，且 14 天内必须完成 2 次维护），并做好巡查记录，巡检时需要完成以下工作。

① 查看空气质量自动监测站和 VOCs 组分站设备是否齐备，有无丢失和损坏；检查接地线路是否可靠，排风排气装置工作是否正常，标准气钢瓶阀门是否漏气，以及标准气的消耗情况。

② 检查采样和排气管路是否有漏气或堵塞现象，各监测仪器采样流量是否正常。

③ 检查各监测仪器的运行状况和工作参数，判断是否正常，如有异常情况及时处理，保证仪器运行正常。

④ 检查 $PM_{10}$ 和 $PM_{2.5}$ 监测仪动态加热装置及采样总管加热装置是否正常工作。

⑤ 对二氧化硫、一氧化碳、臭氧、氮氧化物监测仪进行零点、跨度检查，如果漂移超过国家相关规范要求，需要进行校准或维修。

⑥ 按照仪器说明书要求，对零气发生器进行维护。

⑦ 检查外部环境是否正常，有没有对测定结果或运行环境存在明显影响的污染源。

⑧ 检查电路系统和通信系统，保证系统供电正常，电压稳定。

⑨ 检查空气自动监测站的通信系统，保证空气自动监测站与相关数据监控平台的连接正常，数据传输正常，确保无远程控制软件。

⑩ 对仪器显示数据、时间与数据采集仪之间的一致性进行检查和校准。

⑪ 检查监测仪器的采样入口与采样支路管线接合部之间安装的过滤膜的污染情况，每周更换滤膜，并检查监测仪器散热风扇污染情况，及时清洗。

⑫ 在冬、夏季节应注意空气自动监测站站房室内外温差，若温差较大，应及时改变站房温度或对采样总管采取适当的控制措施，防止出现冷凝现象。

⑬ 应及时清除空气自动监测站站房周围的杂草和积水，当周围树木生长超过规范规定的控制限度时，应及时剪除对采样或监测光束有影响的树枝。

⑭ 应经常检查避雷设施是否可靠，空气自动监测站房屋是否有漏雨现象，天线是否被刮坏，站房外围的其他设施是否有损坏或被水淹，如遇到以上问题应及时处理，保证系统安全运行。

⑮ 检查站房的安全设施，做好防火防盗工作。

⑯ 每周对颗粒物的采样纸带或滤膜进行检查，如纸带即将用尽或滤膜负载超过规定要求，及时进行更换。

⑰ 每周检查视频监控系统，并做好视频系统的日常维护。若发现人为干扰干预环境空气质量监测的行为，及时向当地生态环境管理部门汇报。

⑱ 每周对站房内外环境卫生进行检查，及时保洁。

（4）每月工作内容

① 清洗 $PM_{10}$ 及 $PM_{2.5}$ 采样头（若遇重污染天气，则每周清洗一次），检查 β 法颗粒物监测仪仪器喷嘴、压环、密封圈等部件。

② 检查 $PM_{10}$ 及 $PM_{2.5}$ 监测仪、气态监测仪、动态校准仪流量，超过国家相关规范要求时应进行校准。

③ 每月对数据和运维记录进行备份。

④ 检查和校准 $PM_{2.5}$、$PM_{10}$ 监测仪的相对湿度、温度传感器以及压力传感器。

（5）每季度工作内容

① 采样总管及采样风机每季度至少清洗一次。

② 对 $PM_{10}$ 及 $PM_{2.5}$ 监测仪器进行标准膜检查或 $K_0$（修正系数）值检查，超过

国家相关规范要求时,及时进行校准或维修。

③ 采用臭氧传递标准对空气自动监测站臭氧工作标准进行标准传递。

(6) 每半年工作内容

① 对气态污染物监测仪进行多点校准,绘制校准曲线,检验相关系数、斜率和截距。

② 经振荡天平法颗粒物仪器每半年更换一次主路过滤器滤芯、旁路过滤器滤芯和气水分离器滤芯,污染较重时应及时更换滤芯。

③ 更换零气源净化剂和氧化剂,对零气性能进行检查。

④ 对氮氧化物监测仪钼炉转化率进行检查。

(7) 每年工作内容

① 按照仪器说明书对动态校准仪流量进行多点检查。

② 对所有的仪器(包括采样泵)进行预防性维护,按说明书的要求更换备件。

(8) 运维其他相关要求

① 每周更换的气态污染物监测仪器所用滤膜,必须为聚四氟乙烯材质。

② 应及时制订每月工作计划并将进出空气质量自动监测站和 VOCs 组分站的具体日期上报当地生态环境管理部门备案,并严格按计划执行,若有变更或临时突发情况处理等应及时上报当地生态环境管理部门备案。

③ 运维单位保证满足生态环境管理部门对空气自动监测站仪器设备故障的响应时间要求,当仪器设备每日 5 时~23 时出现故障时,应在 1h 之内响应,4h 内到达现场解决(通信线路、电力线路故障除外,但应及时与相关部门联系并积极解决)。

④ 当仪器损坏不能修复时,应在 24h 之内使用备机开展监测(经采购人同意),并同时报告当地生态环境管理部门,生态环境管理部门组织确认仪器损坏情况及原因,酌情处理。

⑤ 仪器报废(包括使用超过 8 年导致,或因洪水、地震、台风、站房外部火灾、爆炸、恐怖袭击、武装冲突、蓄意破坏等不可抗力导致)后,运维单位须先行及时使用备用机开展监测,同时报告当地生态环境管理部门。

⑥ 严禁擅自改变采样管路连接方式和更改仪器参数设置。

(9) 质量控制要求

运维单位需认真落实质量管理制度,建立完善的运行维护工作质量管理体系,安排专职质量控制管理人员。

① 量值溯源要求 运维单位在空气质量自动监测站需配备标准气体,所使用的标准气体须为国家生态环境部标样所或国家标物中心或中国计量院生产的有证标准样品或物质,新购标准气体应做验证实验,形成验证报告,若是使用稀释标准气体,须提供具体的标准稀释气体的溯源报告。另外,当钢瓶压力低于 1.5MPa(含)时,标准气体停止使用。新的标气阀应预先进行 3 次(每次至少 24h)以上的老化后方可使用。标准气体必须在有效期内使用。

② 日常质量控制要求 监测仪在以下情况下需进行校准。

a. 安装时;

b. 移动位置时；

c. 进行可能影响校准结果的维修或维护后；

d. 监测仪暂停工作一段时间后；

e. 有迹象表明监测仪工作不正常或校准结果出现变化；

f. 超过国家规范或本招标文件要求的校准周期或校准要求的。

③ 质量检查　运维单位必须接受当地生态环境管理部门及其委托单位和人员的质量检查。

(10) 系统设备维修要求

① 维修更换工作要求　运维单位负责系统所有设备和仪器的维护、维修及部件更换（包括空调设备等附属设施），并将维修费用计算在运维报价中。本服务内容同样包括由于外部原因意外丢失和损坏设备的更换或维修。

② 设备维修质量控制要求　监测仪器修复后，当其监测性能受到影响时，采用关键参数检查、标气测定、颗粒物流量测定、标准膜测试、标准样品测试或手工比对等方法进行测试。仪器大修后，气态污染监测设备应按顺序开展零点漂移和量程漂移测试、精密度及准确度测试、多点线性测试；颗粒物监测设备应开展手工比对测试，测试应严格按照《环境空气颗粒物（$PM_{10}$ 和 $PM_{2.5}$）连续自动监测系统运行和质控技术规范》（HJ 817—2018）中准确度审核要求实施，并遵守《环境空气颗粒物（$PM_{2.5}$）手工监测方法（重量法）技术规范》（HJ 656—2013）、《环境空气 $PM_{10}$ 和 $PM_{2.5}$ 的测定 重量法》（HJ 618—2011）和《环境空气质量手工监测技术规范》（HJ 194—2017）等相关规范要求，同时提交相应报告。

## 第二节　微型环境空气在线监测站

### 一、系统概述

目前，国家对于环境空气质量的监控，分为城市点（城市加密网格点）、区域点、背景点、污染源监控点等多种类型，传统采用的是固定站+便携式的模式。由于标准的空气站价格昂贵，铺设的站点密度非常小，我国现有空气质量监测站点（国控点）约 5000 个，折合约 $1920km^2$ 仅 1 个监测点，以点代面的方法导致时效性不足，达不到精细化管控的目标，且无法实现对监测体系中时空动态趋势分析、污染减排评估、污染来源追踪、环境预警预报等能力的深度挖掘。

虽然我国在环境在线监测领域经验和数据的积累已经为环境空气质量评价提供了一定的依据，提供了大数据平台，在宏观层面了解了环境空气质量的严峻现状，但日渐增大的环境压力及复合型的大气环境污染趋势对环保部门提出了更高的管理要求，不仅需要回答环境空气质量现状，还需要解释环境监测结果，预测未来的变化趋势。

面对亟待解决的环境监测和治理问题，有针对性地对典型区域内的环境开展网格化管理,为大气污染防治精准网格化环境监测和管理提供准确依据与系统支撑,也是落实国务院《关于加强环境监管执法的通知》及《生态环境监测网络建设方案》的要求,实施"网格化环境监管、依法追责"的科学抓手,是实现"以改善环境质量为核心,倒逼能源结构和产业结构调整,以及城乡化精细化环境管理"的科学手段。

标准空气站采用的检测方法大多数都是红外、紫外、化学发光法等,检测标准6参数,建站费用将近100万元/站点,维护费用约高达10万元/a,平均每3天就要进行一次人工校准,前期投入成本和后期运维及校准人力成本过大。即便如此,能覆盖到的地方也是微乎其微,平均每个站点能监测到的最多不超过直径2km以内的气体污染情况。对工业城市污染特征气体、无组织排放气体(如垃圾填埋场的VOCs、恶臭等)的监测不足。

按照国家发布的网格化监测部署要求,每500m～4km设立一个小型监测探头,检测项目按照发布的《国家环境空气质量监测网城市站运行管理》中的要求进行监测。国家城市站监测项目包括二氧化硫($SO_2$)、二氧化氮($NO_2$)、颗粒物($PM_{10}$、$PM_{2.5}$)、一氧化碳(CO)、臭氧($O_3$)、气象五参数(风速、风向、空气温度、相对湿度、大气压力),其他项目结合相关标准或者监测需求确定。

在实现上述监测的同时,各级政府及环保部门还有如下希望。

① 可提供基于地理信息系统的空气环境质量监测、预警、预报平台以及控制决策支持。

② 需要低成本、小型化、多参数的在线环境空气质量监测仪作为现有国控点的补充。

③ 实现网格化、大面积联防联控以及大气污染溯源通量解析。

④ 推演无监测点的数据及预测数据。

⑤ 搭建工业园区环境安全一体化监控平台,全过程污染追踪,实现在线远程监管污染偷排。

⑥ 灵活的监控功能定制化,满足政府管理机构不同部门、不同级别的不同需求。

结合国务院办公厅关于《生态环境监测网络建设方案》的要求,国技仪器开发了一套可实现高分辨率监测网络布局的低成本、多参数集成的紧凑型微型环境空气监测系统,高分辨率监测网络可在区域内全覆盖,实现高时空分辨率的大气污染监测,结合信息化大数据的应用实现污染来源追踪、预警预报等功能,为环境污染防控提供更为及时有效的决策支持。

AM-1026S型微型环境空气在线监测站(如图2-18所示)是国技仪器参照一系列国家相关技术标准设计的,是一种用于户外和气态污染物实

图2-18 AM-1026S型微型环境空气在线监测站

时监测的系统,该系统可用于连续无人值守监测,将连续实时数据传输到中央服务器。其防尘防雨外壳确保系统在各个环境条件下安全有效运行。该系统结合了激光粒子计数技术和电化学/光学传感技术,用于环境空气中颗粒物和气态污染物的监测,并使用了先进的数据处理技术,对空气中颗粒物和主要气体污染物进行长期、精确、稳定的测量。该系统不仅能精确监测大气环境空气质量,还能参照国家标准、行业标准进行现场校准,确保其具有最佳的可追溯性,是一款性价比超高的空气质量监测设备。

## 二、监测项目

AM-1026S型微型环境空气在线监测系统主要由气态污染物检测模块、颗粒物检测模块、气象参数传感器、无线通信模块、供电及电源管理单元等组成,检测因子包括 $SO_2$、$NO_2$、$CO$、$O_3$、$PM_{10}$、$PM_{2.5}$、TVOC(总挥发性有机化合物,选配)、气象五参数(选配)、噪声(选配)、恶臭(选配)、扬尘(选配)等。

各检测因子分析原理如表2-14所示。

表2-14 各检测因子分析原理

| 检测项目 | 检测原理 | 检测项目 | 检测原理 |
| --- | --- | --- | --- |
| $SO_2$ | 电化学 | TVOC | PID(比例、积分、微分) |
| CO | 电化学 | $PM_{2.5}$ | 光散射 |
| $NO_2$ | 电化学 | $PM_{10}$ | 光散射 |
| $O_3$ | 电化学 | | |

## 三、技术指标

### 1. 气象五参数

微型环境空气在线监测站气象五参数技术指标具体详细参数(行业标准)如表2-15所示。

表2-15 气象五参数技术指标

| 测量项目 | 测量范围 | 测量精度 | 分辨率 |
| --- | --- | --- | --- |
| 气压 | 10~1100hPa | ±0.5hPa | 0.1hPa |
| 风向 | 0°~360° | ±3° | ±3° |
| 风速 | 0~70m/s | ±0.3m/s | 0.1m/s |
| 气温 | −40~70℃ | ±0.5℃ | 0.1℃ |
| 湿度 | 0%~100%(RH) | ±3%(RH) | ±0.1%(RH) |

### 2. 二氧化硫自动监测仪

微型环境空气在线监测站二氧化硫技术指标具体详细参数(行业标准)如表2-16所示。

表 2-16　二氧化硫技术指标

| 测量项目 | | $SO_2$ 技术指标 | 单位 |
|---|---|---|---|
| 测量范围 | | 0～500 | nmol/mol |
| 示值误差 | | ±10% F.S. | — |
| 重复性 | | ≤5% | — |
| 响应时间 | $T_{90}$ | ≤120 | s |
| | $T_{10}$ | ≤120 | s |
| 零点漂移 | | ±5% F.S./6h | — |
| 量程漂移 | | ±5% F.S./6h | — |
| 24h 漂移 | 零点漂移 | ±20% F.S. | — |
| | 量程漂移 | ±20% F.S. | — |
| 环境实验 | 低温实验 | ±15% F.S. | −10℃持续 2h |
| | 高温实验 | ±15% F.S. | 55℃持续 2h |
| | 恒定湿热 | ±15% F.S. | 40℃、93%(RH)持续 2h |

### 3. 颗粒物自动监测仪

微型环境空气在线监测站颗粒物（$PM_{2.5}$、$PM_{10}$）技术指标具体详细参数（行业标准）如表 2-17 和表 2-18 所示。

表 2-17　颗粒物（$PM_{2.5}$）技术指标

| 测量项目 | $PM_{2.5}$ 技术指标 | 单位 |
|---|---|---|
| 测量范围 | 0～1000 | $\mu g/m^3$ |
| 平行性 | ≤20% | — |
| 重复性 | ≤20% | — |
| 室外比对测量相关系数 $r$ | ≥0.85 | — |

表 2-18　颗粒物（$PM_{10}$）技术指标

| 测量项目 | $PM_{10}$ 技术指标 | 单位 |
|---|---|---|
| 测量范围 | 0～1000 | $\mu g/m^3$ |
| 平行性 | ≤15% | — |
| 重复性 | ≤20% | — |
| 室外比对测量相关系数 $r$ | ≥0.85 | — |

### 4. 二氧化氮自动监测仪

微型环境空气在线监测站二氧化氮技术指标具体详细参数（行业标准）如表 2-19 所示。

表 2-19　二氧化氮技术指标

| 测量项目 | $NO_2$ 技术指标 | 单位 |
|---|---|---|
| 测量范围 | 0～500 | nmol/mol |
| 示值误差 | ±10% F.S. | — |
| 重复性 | ≤5% | — |

续表

| 测量项目 | | $NO_2$ 技术指标 | 单位 |
|---|---|---|---|
| 响应时间 | $T_{90}$ | ≤120 | s |
| | $T_{10}$ | ≤120 | s |
| 零点漂移 | | ±5% F.S./6h | — |
| 量程漂移 | | ±5% F.S./6h | — |
| 24h 漂移 | 零点漂移 | ±20% F.S. | — |
| | 量程漂移 | ±20% F.S. | — |
| 环境实验 | 低温实验 | ±15% F.S. | −10℃持续 2h |
| | 高温实验 | ±15% F.S. | 55℃持续 2h |
| | 恒定湿热 | ±15% F.S. | 40℃、93%(RH)持续 2h |
| 测量误差 | ≤100nmol/mol | ±20% | — |
| | >100nmol/mol | ±20% | — |

### 5. 臭氧自动监测仪

微型环境空气在线监测站臭氧技术指标具体详细参数（行业标准）如表 2-20 所示。

表 2-20 臭氧技术指标

| 测量项目 | | $O_3$ 技术指标 | 单位 |
|---|---|---|---|
| 测量范围 | | 0～500 | nmol/mol |
| 示值误差 | | ±10% F.S. | — |
| 重复性 | | ≤5% | — |
| 响应时间 | $T_{90}$ | ≤120 | s |
| | $T_{10}$ | ≤120 | s |
| 零点漂移 | | ±5% F.S./6h | — |
| 量程漂移 | | ±5% F.S./6h | — |
| 24h 漂移 | 零点漂移 | ±20% F.S. | — |
| | 量程漂移 | ±20% F.S. | — |
| 环境实验 | 低温实验 | ±15% F.S. | −10℃持续 2h |
| | 高温实验 | ±15% F.S. | 55℃持续 2h |
| | 恒定湿热 | ±15% F.S. | 40℃、93%(RH)持续 2h |
| 测量误差 | ≤100nmol/mol | ±20% | — |
| | >100nmol/mol | ±20% | — |

### 6. 一氧化碳自动监测仪

微型环境空气在线监测站一氧化碳技术指标具体详细参数（行业标准）如表 2-21 所示。

表 2-21　一氧化碳技术指标

| 测量项目 | | CO 技术指标 | 单位 |
|---|---|---|---|
| 测量范围 | | 0～20 | $\mu mol/mol$ |
| 示值误差 | | ±10% F.S. | — |
| 重复性 | | ≤5% | — |
| 响应时间 | $T_{90}$ | ≤120 | s |
| | $T_{10}$ | ≤120 | s |
| 零点漂移 | | ±5% F.S./6h | — |
| 量程漂移 | | ±5% F.S./6h | — |
| 24h 漂移 | 零点漂移 | ±20% F.S. | |
| | 量程漂移 | ±20% F.S. | |
| 环境实验 | 低温实验 | ±15% F.S. | −10℃持续 2h |
| | 高温实验 | ±15% F.S. | 55℃持续 2h |
| | 恒定湿热 | ±15% F.S. | 40℃、93%(RH)持续 2h |
| 测量误差 | ≤10$\mu mol/mol$ | ±2% | — |
| | >10$\mu mol/mol$ | ±20% | — |

### 7. 总挥发性有机物自动监测仪

微型环境空气在线监测站总挥发性有机物技术指标具体详细参数（行业标准）如表 2-22 所示。

表 2-22　总挥发性有机物技术指标

| 测量项目 | | TVOC 技术指标 | 单位 |
|---|---|---|---|
| 测量范围 | | 0～10 | $\mu mol/mol$ |
| 示值误差 | | ±10% F.S. | — |
| 重复性 | | ≤5% | — |
| 响应时间 | $T_{90}$ | ≤120 | s |
| | $T_{10}$ | ≤120 | s |
| 零点漂移 | | ±5% F.S./6h | — |
| 量程漂移 | | ±5% F.S./6h | — |
| 24h 漂移 | 零点漂移 | ±20% F.S. | |
| | 量程漂移 | ±20% F.S. | |
| 环境实验 | 低温实验 | ±15% F.S. | −10℃持续 2h |
| | 高温实验 | ±15% F.S. | 55℃持续 2h |
| | 恒定湿热 | ±15% F.S. | 40℃、93%(RH)持续 2h |
| 测量误差 | ≤2$\mu mol/mol$ | ±0.4% | — |
| | >2$\mu mol/mol$ | ±20% | — |

## 四、系统特点

微型环境空气质量在线监测系统适合低成本、大区域网格化组合布点；具有科学立体的监测手段；能做到监测与监管的同步；监测手段智能化；具有定制化的设备和系统。

（1）低成本、大区域网格化组合布点

针对多种环境监测对象，进行大范围、高密度的网格组合布点，具有集群式协同监测网络和专业数据校准体系，精准地实现环境监测网络全覆盖，布点区域内监测效果明显。

（2）科学立体的监测手段

对污染源企业、工地、交通干道、敏感区域、传输边界区域以及整个城乡进行网格化布点，结合立体监测、移动监测，形成完整的在线监控网格，根据政府管理机构的不同部门、不同级别的不同需求定制开发多种监管功能，建立常态的监管机制，通过科学的数据分析，加强对污染排放的监督和管理，对区域内的主要污染排放源优先进行治理，提高减排的针对性和有效性。

（3）监测与监管的同步

该系统打通了大气监测数据与污染源监控、监督管理与执法、精准治理、预警预报、评估评价和政府决策的通道，是实现政府监管及闭环管理要求的着力点，是对传统大气监测理念的革命性创新。

（4）智能化监测手段

根据各政府决定的管理体制和机制，大气环境指标可通过监控中心、手机 APP 等管理平台实时查看，科学分析，实时捕捉和快速锁定主要污染排放来源，实现定向管控、限时管理、及时见效的监管目标。

（5）设备和系统的定制化

根据监测区域污染源及监测点等实际情况，选配设备配置，满足监测区域各类检测因子的需求。

## 五、应用领域

微型环境空气质量在线监测系统主要应用于城市环境监测、工业及厂界监测、其他空间监测。

（1）城市环境监测

城市环境监测包括城市空气环境质量评测系统监测、垃圾填埋监测、垃圾场监测、气象站配套监测、家庭空气质量监测等。

（2）工业厂界监测

工业厂界监测包括工业园区厂界监测、工业厂区常规排放有毒气体监测、发电厂监测、油田监测、钢厂监测、水泥厂监测、石化厂监测、矿业监测、废旧垃圾再加工厂监控、点源污染监测、机场监测、港口监测、在建建筑工地监测等。

（3）其他空间监测

其他空间监测包括景区监测、林业环境评价监测、农业臭氧杀虫监测、消毒监测、养殖场饲养环境监测、实验室分析监测、坑道监测、下水道监测、管道监测等。

## 六、质量控制

网格化监测设备按照运行维护要求，在返回系统支持实验室，完成检修、清理等工作后，或在进行平行性与相关性比对工作前，一般需要对粒径与粒子数、湿度、温度、气压及气体流量进行检查。

### 1. 粒径与粒子数检查

网格化监测设备在检修过程中未更换激光粒子计数传感器的，在进行平行性与相关性比对工作前，需进行粒径与粒子数检查。新到货设备或检修过程中更换新传感器的设备可酌情省略此工作。粒径与粒子数检查可以采用，但不限于 GB/T 6167 标准中规定的方法。具体操作中，需配备至少一台性能稳定且经过相关部门定期检定的测量范围不小于 $0.3\sim10\mu m$ 的粒径谱仪，可选择配备标准粒子发生装置或其他粒子发生混合腔装置。对设备输出的每一个粒径通道均需进行粒径检查，粒径检查结果应与实测结果不发生粒径通道偏差至少应在 $75\sim150\mu g/m$ 与 $\geqslant 250\mu g/m$ 两个 $PM_{2.5}$ 质量浓度范围内进行粒子数检查。粒子数检查结果在 $0.3\sim2.5\mu m$ 范围内的粒径通道，相对偏差不大于 10%；在 $2.5\mu m$ 以上的粒径通道，相对偏差不大于 30%。

### 2. 湿度检查

所有网格化监测设备在进行平行性与相关性比对工作前，均需进行湿度检查，设备读数与标准湿度计读数相差不大于 $\pm 10\%$（RH），超过 $\pm 10\%$（RH）时应进行校准。

### 3. 温度检查

所有网格化监测设备在进行平行性与相关性比对工作前，均须进行温度检查，设备读数与标准温度计读数相差不大于 $\pm 5℃$，超过 $\pm 5℃$ 时应进行校准。

### 4. 气压检查

所有网格化监测设备在进行平行性与相关性比对工作前，均需进行气压检查，设备读数与标准气压计读数相差不超过 $\pm 1kPa$，超过 $\pm 1kPa$ 时应进行校准。

## 七、质量保障

### 1. 质量保障目标

（1）数据目标

运行维护管理期内，确保数据有效率 $\geqslant 90\%$（以月考核，除去停电、性能测试及其他不可抗力因素引起的故障）。

（2）设备运行目标

设备平均无故障连续运行时间 $\geqslant 720h/次$。

（3）交接目标

运维方负责在运行维护期结束时，设备保持完好，在使用年限内的仪器设备性能测试指标能满足相关规定要求。

#### 2. 运维执行保障

微型环境空气监测站是一个由多种技术组成的系统，各个部分的运行情况都会对整个系统造成影响，必须建立一套科学全面的运行管理方案才能保证微站的正常运行。

科学的微站运行管理不仅是保证微站监测数据准确性和及时性的基础，而且系统部件的及时维护保养可避免更多部件发生更大程度的损坏，大大减少微站的长期维修费用，也延长了系统的使用寿命。

需明确人员分工，划分管理人员、维护人员、质量控制人员、数据审核人员。管理人员负责整个部门的运作，包括重大技术问题的决策、校准或校验技术的开发和应用、设备使用操作指导书以及各种技术类文件的审批、技术人员技术能力的确认等，确保运维工作的顺利开展。运维组负责运维工作的实际开展，包括巡检、校准校验、日常维护、常规故障维修；技术组负责重大故障处理，主要协助运维人员开展工作；质量控制组负责定期质控工作的开展；数据审核组负责数据质量的审核工作，包含平台数据查看、异常数据修约、数据报表统计等。各组人员密切配合，确保检测数据准确、有效，不断提高微站运行质量。

#### 3. 备件、部件和备机的全面储备

为了微站的良好运转，需储备充足的备品配件，完全按照仪表的运转特性，根据其性能和寿命的周期定期进行更换，做到"防患于未然"。同时，还需储备各种仪表的常规耗件和易损部件，以及储备足够数量的备用机，一旦出现问题，第一时间赶到现场，解决不了的故障问题，及时更换，不影响微站数据的正常监测。需按区域设立运维服务机构，在运维服务机构建立备品备件和备机库，按照 10∶1 的比例配备备品、备件和备机。

安排专人负责日常的备件出入库、登记和备件订购等工作。

① 常用备品、备件做到申请当天可领取；不常用备品、备件自申请之日起三天内领取。

② 备品、备件的入库需有专人负责录入。

③ 备品、备件领用需要填写备品、备件出库记录表，并详细记录使用原因、时间，并由主管签字。

④ 未能及时使用的备品、备件需重新入库，并由专人做好记录。

⑤ 备品、备件专员需要每月对备品、备件以及备品、备件领用记录进行清查整理，并及时将库存补齐。

#### 4. 运营维护管理制度

（1）点位环境管理巡检制度

① 观察空气污染因子 $SO_2$、$NO_2$、CO、$O_3$、$PM_{10}$、$PM_{2.5}$ 等周边环境的变化，并进行记录。通过观察及时发现自然灾害和人为影响所引起的安全隐患，并进行

记录。

② 查看微型空气质量监测系统外围的道路、供电、通信、给排水设施等，并进行记录。每年定期征询调查背景站所在地管委会意见。

③ 巡视和维护微型空气质量监测系统外围的安全栅栏和隔离防护带。

④ 定期检查、维护保持微型空气质量监测系统安保视频设施的完好性。

⑤ 如果发现影响空气质量系统代表性和监测正常运行的环境变化，及时报告管理单位进行处理。

⑥ 当周围树木生长超过监测规范规定的控制高度限值时，对采样有影响的树枝进行剪除。

⑦ 定期对微型空气质量监测系统监测点位设置的代表性和完整性进行回顾性检查。

（2）系统运行维护巡检制度

① 检查微型空气质量监测系统各仪器的运行状况和工作状态参数是否正常，若发现问题，查明原因并及时排除故障。

② 定期备份系统的监测数据。

③ 检查仪器采样流量。

④ 遇到特殊情况（如沙尘暴等）时，及时检查和清洗采样系统。

⑤ 定期检查备品、备件清单。

⑥ 记录巡检情况，如果发现影响微型空气质量监测系统安全和正常运行的情况，应及时报告管理单位进行处理。

（3）人员培训和资质管理制度

① 微型空气质量监测系统运行维护人员持证上岗。

② 组织对微型空气质量监测系统项目经理人及运营维护人员定期培训。

③ 编制培训和交流计划，组织技能学习。

5. 例行运行维护

例行运行维护操作包括基于运行维护管理平台的周监控、月巡检，每季度抽取不少于5%的站点进行现场检查，以及设备年度更换等。

## 第三节 挥发性有机物在线监测（FID/质谱）系统

### 一、VOCs 简介

#### 1. VOCs 的定义

世界卫生组织（WHO）对挥发性有机物（VOCs）的定义是所有熔点低于室温、

沸点在 50～260℃ 的挥发性有机化合物的总称。

中国环境保护协会（ZHB）对 VOCs 的定义是常温下饱和蒸气压大于 70Pa、常压下沸点在 260℃ 以下的有机化合物。

### 2. VOCs 的分类

VOCs 按其化学结构可以分为烃类（烷烃、烯烃和芳烃）、酮类、酯类、醇类、酚类、醛类、胺类、腈类等。

常见的 VOCs 种类及成分详见表 2-23。

表 2-23　常见的 VOCs 种类和成分

| 种类 | 成分 |
| --- | --- |
| 脂肪烃 | 甲烷、乙烷、丙烷、环己烷、甲基环戊烷、己烷、2-甲基戊烷、2-甲基己烷 |
| 芳香烃 | 苯、甲苯、乙苯、二甲苯、正丙基苯、苯乙烯、1,2,4-三甲基苯 |
| 卤代烃化合物 | 三氯氟甲烷、二氯甲烷、氯仿、四氯化碳、1,1,1-三氯乙烷、三氯乙烯、四氯乙烯、氯苯、1,4-二氯苯 |
| 酚、醚、环氧类化合物 | 甲酚、苯酚、乙醚、环氧乙烷、环氧丙烷 |
| 酮、醛、醇、多元醇 | 丙醇、丁酮、环己酮、甲醛、乙醛、甲醇、异丁醇 |
| 腈、胺类化合物 | 丙烯腈、二甲基甲酰胺 |
| 酸、酯类化合物 | 乙酸、醋酸乙酯、醋酸丁酯 |
| 多环芳烃 | 萘、菲、苯并芘 |
| 其他 | 甲基溴、氯氟烃、氯氟碳化物 |

### 3. VOCs 的来源

VOCs 的来源主要分为天然源和人为源。天然源包括植物释放、火山喷发、森林草原火灾等，其中最重要的排放源是森林和灌木林，最重要的排放物是异戊二烯和单萜烯等。人为源主要分为固定源、流动源和无组织源等。固定源主要包括化石燃料燃烧、溶剂（涂料、油漆）的使用、废弃物燃烧、石油存储和转运，以及石油化工、钢铁工业、金属冶炼等的排放。流动源主要包括机动车、飞机和轮船等交通工具的排放，以及非道路排放源等的排放。无组织源主要包括生物质燃烧以及汽油、油漆等溶剂挥发。

### 4. VOCs 的危害

VOCs 种类众多，其对人类的健康和生存环境的危害主要体现在以下几个方面。

① 大多数 VOCs 具有刺激性气味或臭味，可引起人们感官上的不愉快，严重降低人们的生活质量。

② VOCs 成分复杂，有特殊气味且具有渗透、挥发及脂溶等特性，可导致人体出现诸多的不适症状。它还具有毒性、刺激性及致畸致癌作用，尤其是苯、甲苯、二

甲苯、甲醛对人体健康的危害最大，长期接触会使人患上贫血症与白血病。另外，VOCs 气体还可导致呼吸道、肾、肺、肝、神经系统、消化系统及造血系统的病变。随着 VOCs 浓度的增加，人体会出现恶心、头痛、抽搐、昏迷等症状。

③ VOCs 多半具有光化学反应性，在阳光照射下，VOCs 会与大气中的 $NO_x$ 发生化学反应，形成二次污染物（如臭氧等）或强化学活性的中间产物（如自由基等），从而增加烟雾及臭氧的地表浓度，会给人带来生命危险，同时也会危害农作物的生长，甚至导致农作物的死亡。由光化学反应所造成的烟雾，除了降低能见度之外，所产生的臭氧、过氧乙酰硝酸酯（PAN）、过氧苯酰硝酸酯（PBN）、醛类等物质可刺激人的眼睛和呼吸系统，危害人的身体健康，伦敦、东京等城市都相继出现过光化学烟雾污染事件。

④ 某些 VOCs 易燃，如苯、甲苯、丙酮、二甲基胺及硫代烃等，这些物质的排放浓度较高时如果遇到静电火花或其他火源，容易引起火灾。近年来由 VOCs 造成的火灾及爆炸事故时有发生，尤其是常发生在石油化工企业。

⑤ 部分 VOCs 可破坏臭氧层，如氟氯烃物质。当其受到来自太阳的紫外辐射时，可发生光化学反应，产生氯原子，从而对臭氧层中的臭氧进行催化破坏。臭氧量的减少以及臭氧层的破坏使到达地面的紫外线辐射量增加。紫外线对人类皮肤、眼睛及免疫系统有较大的危害。

VOCs 在日常的生活、工作、作业等环境中无处不在。

## 二、系统概述

AM-3200 型挥发性有机物（VOCs）在线监测［氢火焰离子化检测器（FID）/质谱（MS）］系统（如图 2-19 所示）是用于测量环境空气中微量 VOCs 的在线监测设备。配备双 FID 系统可用于监测 PAMS（光化学烟雾空气监测系统）中 57 种目标挥发性有机物；配备质谱仪系统可监测 PAMS、TO-15（标准混合气体）和醛酮类等 117 种 VOCs。该系统采用超低温冷阱浓缩采样，无须富集填料，样品损失小。

环境空气经过采样系统采集后，进入预浓缩系统，再经 nafion（全氟磺酸-聚四氟乙烯共聚物）管除水后进入低温冷阱实现环境空气中 $C_2 \sim C_{12}$ 的富集。样品富集结束后，瞬间加热冷阱管，被富集的 VOCs 脱附出来，并经载气的吹扫到达气相色谱仪，实现 VOCs 的定性定量分析。

图 2-19　AM-3200 型挥发性有机物在线监测（FID/质谱）系统

## 三、系统组成

### 1. 采样单元

AM-3200型环境空气在线监测系统的采样单元由加热式采样总管、粉尘过滤装置组成（如图2-20所示）。

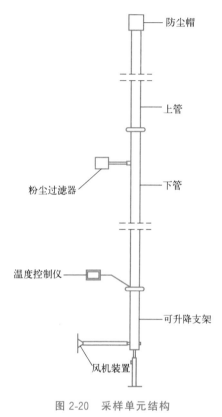

图2-20　采样单元结构

加热式采样总管主要由防尘帽、上管、下管、可升降支架、风机装置以及温度控制仪等部件组成。另外，特别加长的采样总管分为上管、中管和下管。被测空气样品由防尘帽进入采样总管后流过上、下管被引风机排出室外。下管安装有取样口与监测仪器连接。另外，设计了废气排放口，以保持采样房间内空气清洁。

采样总管出口处安装了粉尘过滤器，能有效地过滤空气中的微小颗粒，防止气路的阻塞。

### 2. 预浓缩解析单元

AM-3200型环境空气挥发性有机物在线监测系统中预浓缩解析模块主要指富集浓缩仪（如图2-21所示）。气体经采样总管和粉尘过滤器进入预浓缩解析单元，先经nafion管除水，干燥后的气体进入冷阱富集器被捕集，然后闪蒸加热从冷阱富集器中脱附，与载气一同进入色谱分析仪。

该模块配备了四种气体的进样通道，可满足多种样品的进样需求。冷阱富集器中冷阱为半导体制冷，最高温度可达400℃，最低温度可至-35℃，可用于同时分析吸附管中的挥发性、半挥发性有机物，能够实现快速升温，提高闪蒸速率。

### 3. 色谱分析仪

AM-3200型环境空气挥发性有机物在线监测系统中检测分析模块主要是气相色谱仪。色谱分析仪采用中心切割技术，通过阀切换，样品进入不同的检测器，实现对不同物质的准确定性与定量。

气相色谱仪采用赛里安456-GC型号气相色谱仪（如图2-22所示），具有性能可靠、操作简单和易于维护等特点。此色谱仪具有高分辨率超大屏幕显示器，提供十三种语言界面；并配备先进便捷的气体流量控制（EFC）模块，精准控制气体流量；设计独特的高性能柱温箱能够迅速加热和冷却，大大提高仪器的分析效率。

图 2-21　富集浓缩仪　　　　　　　　图 2-22　气相色谱仪

气相色谱仪的性能特点如下。

① 控制面板：采用全中文互动式彩色图形化触摸屏幕控制界面的气相色谱仪，通过触摸式屏幕可以非常容易地建立气相色谱分离方法。9in（1in＝0.0254m）屏幕可以图形化显示自动进样器、进样口柱温箱、检测器温度控制部分、各部载气控制及阀门控制、质谱参数等，彩色屏幕可以实时显示样品分离过程，触摸屏可支持包括中文在内的 13 种语言。

② 经进样口启动开关：不需要软件控制，具有进样口自动启动功能，使注射时间与信号采集时间一致，确保时间重复性好。

③ 柱压及流量控制：均为电子流量控制。

④ 压力范围：0~150psi。

⑤ 压力控制精度：全量程范围内精度 0.1%。

⑥ 压力分辨率：0.001psi。

⑦ 流量控制准确度和精度：全量程范围内准确度 2.0%，精度 0.2%。

⑧ 流量控制重复性：0.5%。

⑨ 柱温箱温度：室温 4~450℃。

⑩ 柱温箱门可拆卸，便于更换色谱柱。

⑪ 程序升温阶数：24 阶/25 平台。

⑫ 升温速率：最大 170℃/min。

⑬ 温度精度：≤0.1℃。

⑭ 降温速度：柱箱温度从 450℃降至 50℃，少于 4.5min。

⑮ 分流/不分流进样口（S/SL）。

a. 压力范围：0~150psi。

b. 总流量：500mL/min（$N_2$/Ar），1500mL/min（He/$H_2$）。

c. 最高温度：450℃。

d. 分流比：1~10000（依色谱柱类型而定）。

e. 适用色谱柱类型：宽口径毛细管柱（0.53mm），细口径毛细管柱（0.05~

0.32mm)。

#### 4. 标气模块

AM-3200 型挥发性有机物在线监测系统中的标气模块由标准气体、稀释气（氮气）和动态稀释仪组成，可根据不同的稀释倍数要求配置动态稀释仪的参数。

#### 5. 辅助系统

辅助系统主要为色谱仪提供稳定干燥的气源，由氢空一体机、高纯氮气组成。氢空一体机（如图 2-23 所示）为系统提供干燥纯净的氢气（燃烧气）和空气（助燃气），高纯氮气为系统提供干燥纯净的载气和吹扫气。

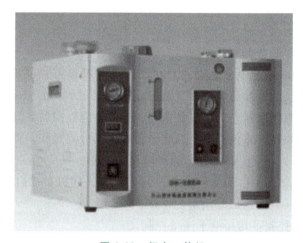

图 2-23　氢空一体机

## 四、监测项目

AM-3200 型挥发性有机物（VOCs）在线监测（FID/MS）系统配备双 FID 系统，可用于监测 PAMS 中 57 种目标挥发性有机物（详见表 2-24），配备质谱仪系统可监测 PAMS（57 种）、TO-15（47 种）和醛酮类（13 种）等 117 种 VOCs。

表 2-24　PAMS 中 57 种目标挥发性有机物

| 序号 | CAS No. | 化学名 | 序号 | CAS No. | 化学名 |
| --- | --- | --- | --- | --- | --- |
| 1 | 74-84-0 | 乙烷 | 11 | 287-92-3 | 环戊烷 |
| 2 | 74-85-1 | 乙烯 | 12 | 78-78-4 | 异戊烷 |
| 3 | 74-98-6 | 丙烷 | 13 | 109-66-0 | 正戊烷 |
| 4 | 115-07-1 | 丙烯 | 14 | 646-04-8 | 反-2-2 戊烯 |
| 5 | 75-28-5 | 异丁烷 | 15 | 109-67-1 | 1-戊烯 |
| 6 | 196-97-8 | 正丁烷 | 16 | 627-20-3 | 顺-2-戊烯 |
| 7 | 74-86-2 | 乙炔 | 17 | 75-83-2 | 2,2-二甲基丁烷 |
| 8 | 624-64-6 | 反-2-丁烯 | 18 | 79-29-8 | 2,3-二甲基丁烷 |
| 9 | 106-98-9 | 1-丁烯 | 19 | 107-83-5 | 2-甲基戊烷 |
| 10 | 590-18-1 | 顺-2-丁烯 | 20 | 96-14-0 | 3-甲基戊烷 |

续表

| 序号 | CAS No. | 化学名 | 序号 | CAS No. | 化学名 |
|---|---|---|---|---|---|
| 21 | 78-79-5 | 异戊二烯 | 40 | 108-38-3 | 间二甲苯 |
| 22 | 110-54-3 | 正己烷 | 41 | 106-42-3 | 对二甲苯 |
| 23 | 592-41-6 | 1-己烯 | 42 | 100-42-5 | 苯乙烯 |
| 24 | 96-37-7 | 甲基环戊烷 | 43 | 95-47-6 | 邻二甲苯 |
| 25 | 108-08-7 | 2,4-二甲基戊烷 | 44 | 111-84-2 | 正壬烷 |
| 26 | 71-43-2 | 苯 | 45 | 98-82-8 | 异丙苯 |
| 27 | 110-82-7 | 环己烷 | 46 | 103-65-1 | 正丙苯 |
| 28 | 591-76-4 | 2-甲基己烷 | 47 | 620-14-4 | 间乙基甲苯 |
| 29 | 565-59-3 | 2,3-二甲基戊烷 | 48 | 622-96-8 | 对乙基甲苯 |
| 30 | 589-34-4 | 3-甲基己烷 | 49 | 108-67-8 | 1,3,5-三甲基苯 |
| 31 | 540-84-1 | 2,2,4-三甲基戊烷 | 50 | 95-63-6 | 1,2,4-三甲基苯 |
| 32 | 142-82-5 | 正庚烷 | 51 | 526-73-8 | 1,2,3-三甲基苯 |
| 33 | 108-87-2 | 甲基环己烷 | 52 | 611-14-3 | 邻乙基甲苯 |
| 34 | 565-75-3 | 2,3,4-三甲基戊烷 | 53 | 124-18-5 | 正癸烷 |
| 35 | 108-88-3 | 甲苯 | 54 | 141-93-5 | 间二乙基苯 |
| 36 | 592-27-8 | 2-甲基庚烷 | 55 | 105-05-5 | 对二乙基苯 |
| 37 | 589-81-1 | 3-甲基庚烷 | 56 | 1120-21-4 | 正十一烷 |
| 38 | 111-65-9 | 正辛烷 | 57 | 112-40-3 | 正十二烷 |
| 39 | 100-41-4 | 乙苯 | | | |

## 五、分析原理

### 1. PAMS 分析原理

PAMS 分析原理如图 2-24 所示。环境空气中待测气体经采样总管和粉尘过滤器进入预浓缩解析单元，先经 nafion 管除水，干燥后的气体进入冷阱富集器被捕集，然后闪蒸加热从冷阱富集器中脱附，与载气一同进入色谱分析仪。低沸点 VOCs 经过初级色谱分离后，由 Deanswitch 切割到氧化铝柱中进行再次分离，被 FID 检测（$C_2 \sim C_6$，22 种低沸点 VOCs）；高沸点 VOCs 由 Deanswitch 切割到另一个 FID 中进行分析（$C_6 \sim C_{12}$，35 种高沸点 VOCs）。图 2-25 是 57 种 VOCs 标气（$4 \times 10^{-9}$）监测结果。

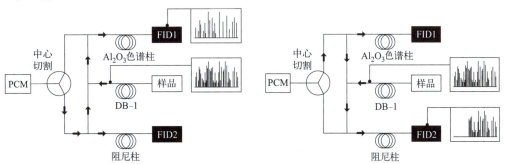

图 2-24　PAMS 分析原理

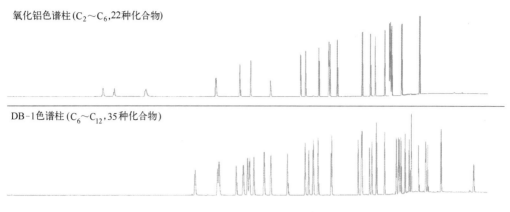

图 2-25　57 种 VOCs 标气（$4\times10^{-9}$）监测结果

### 2. 117 种 VOCs（含甲醛）分析原理

117 种 VOCs（含甲醛）分析原理如图 2-26 所示。环境空气中待测气体经采样总管和粉尘过滤器进入预浓缩解析单元，先经 nafion 管除水，干燥后的气体进入冷阱富集器被捕集，然后闪蒸加热从冷阱富集器中脱附，与载气一同进入色谱分析仪。VOCs 经过初级色谱分离后，由 Deanswitch 切割到氧化铝柱中进行再次分离，被 FID 和 MS 检测。

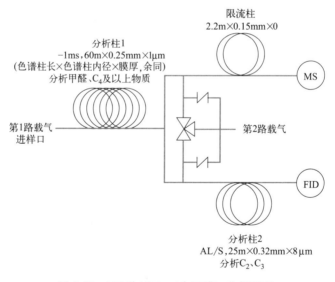

图 2-26　117 种 VOCs（含甲醛）分析原理

## 六、性能特点

① 挥发性有机物在线监测（FID/MS）系统仪器测试重复性高，仪器稳定性好。图 2-27 是相同浓度标气在不同时间的检测结果，可以看出仪器重复性特别好。图 2-28 是不同浓度标气下的检测结果，根据峰高和峰面积可以计算出相关系数 $R^2$

均大于 0.99（部分 VOCs 标准曲线的相关系数实际检测结果如表 2-25 所示）。

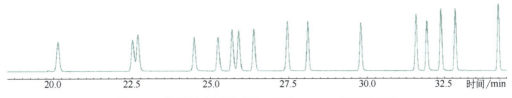

图 2-27　相同浓度不同时间（部分 VOCs）检测出峰图

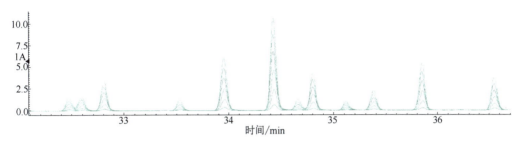

图 2-28　不同浓度（部分 VOCs）检测出峰图

表 2-25　57 种 VOCs 相关系数值

| 序号 | 化学名 | 第一次 $R^2$ 检测结果 | 第二次 $R^2$ 检测结果 |
| --- | --- | --- | --- |
| 1 | 乙烷 | 1.000 | 0.999 |
| 2 | 乙烯 | 0.999 | 1.000 |
| 3 | 丙烷 | 1.000 | 0.998 |
| 4 | 丙烯 | 1.000 | 1.000 |
| 5 | 异丁烷 | 1.000 | 1.000 |
| 6 | 正丁烷 | 1.000 | 1.000 |
| 7 | 乙炔 | 0.997 | 0.999 |
| 8 | 反-2-丁烯 | 1.000 | 1.000 |
| 9 | 1-丁烯 | 1.000 | 1.000 |
| 10 | 顺-2-丁烯 | 1.000 | 1.000 |
| 11 | 环戊烷 | 1.000 | 1.000 |
| 12 | 异戊烷 | 1.000 | 1.000 |
| 13 | 正戊烷 | 1.000 | 1.000 |
| 14 | 反-2-2 戊烯 | 1.000 | 1.000 |
| 15 | 1-戊烯 | 1.000 | 1.000 |
| 16 | 顺-2-戊烯 | 1.000 | 1.000 |
| 17 | 2,2-二甲基丁烷 | 1.000 | 1.000 |
| 18 | 2,3-二甲基丁烷 | 1.000 | 1.000 |
| 19 | 2-甲基戊烷 | 1.000 | 1.000 |
| 20 | 3-甲基戊烷 | 1.000 | 1.000 |
| 21 | 异戊二烯 | 1.000 | 1.000 |
| 22 | 正己烷 | 0.998 | 1.000 |
| 23 | 1-己烯 | 1.000 | 1.000 |
| 24 | 甲基环戊烷 | 0.999 | 1.000 |
| 25 | 2,4-二甲基戊烷 | 0.999 | 1.000 |
| 26 | 苯 | 0.999 | 1.000 |
| 27 | 环己烷 | 1.000 | 1.000 |
| 28 | 2-甲基己烷 | 1.000 | 1.000 |

续表

| 序号 | 化学名 | 第一次 $R^2$ 检测结果 | 第二次 $R^2$ 检测结果 |
| --- | --- | --- | --- |
| 29 | 2,3-二甲基戊烷 | 1.000 | 1.000 |
| 30 | 3-甲基己烷 | 0.999 | 1.000 |
| 31 | 2,2,4-三甲基戊烷 | 1.000 | 1.000 |
| 32 | 正庚烷 | 1.000 | 1.000 |
| 33 | 甲基环己烷 | 1.000 | 1.000 |
| 34 | 2,3,4-三甲基戊烷 | 1.000 | 1.000 |
| 35 | 甲苯 | 0.999 | 0.999 |
| 36 | 2-甲基庚烷 | 1.000 | 1.000 |
| 37 | 3-甲基庚烷 | 1.000 | 1.000 |
| 38 | 正辛烷 | 1.000 | 1.000 |
| 39 | 乙苯 | 1.000 | 1.000 |
| 40/41 | 间/对二甲苯 | 1.000 | 0.999 |
| 42 | 苯乙烯 | 1.000 | 0.999 |
| 43 | 邻二甲苯 | 1.000 | 0.999 |
| 44 | 正壬烷 | 0.999 | 0.999 |
| 45 | 异丙苯 | 1.000 | 0.999 |
| 46 | 正丙苯 | 1.000 | 0.999 |
| 47 | 间乙基甲苯 | 1.000 | 0.999 |
| 48 | 对乙基甲苯 | 1.000 | 0.999 |
| 49 | 1,3,5-三甲基苯 | 1.000 | 0.999 |
| 50 | 1,2,4-三甲基苯 | 0.999 | 0.999 |
| 51 | 1,2,3-三甲基苯 | 0.999 | 0.998 |
| 52 | 邻乙基甲苯 | 1.000 | 0.999 |
| 53 | 正癸烷 | 0.999 | 0.999 |
| 54 | 间二乙基苯 | 0.999 | 0.998 |
| 55 | 对二乙基苯 | 0.999 | 0.997 |
| 56 | 正十一烷 | 0.998 | 0.997 |
| 57 | 正十二烷 | 0.997 | 0.998 |

② 挥发性有机物在线监测（FID/MS）系统仪器低碳组分和高碳组分的线性都很好，仪器测量精确度高。图 2-29（a）～（h）为乙烷、乙炔、丙烷、丙烯、2,2,4-三甲基戊烷、正庚烷、十一烷、十二烷线性图。

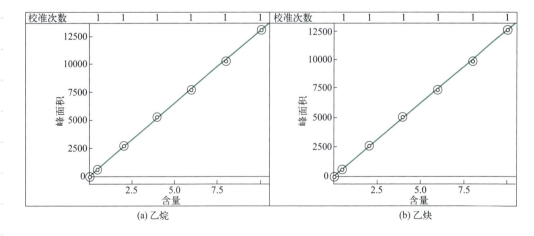

(a) 乙烷　　　　　　　　　　　　(b) 乙炔

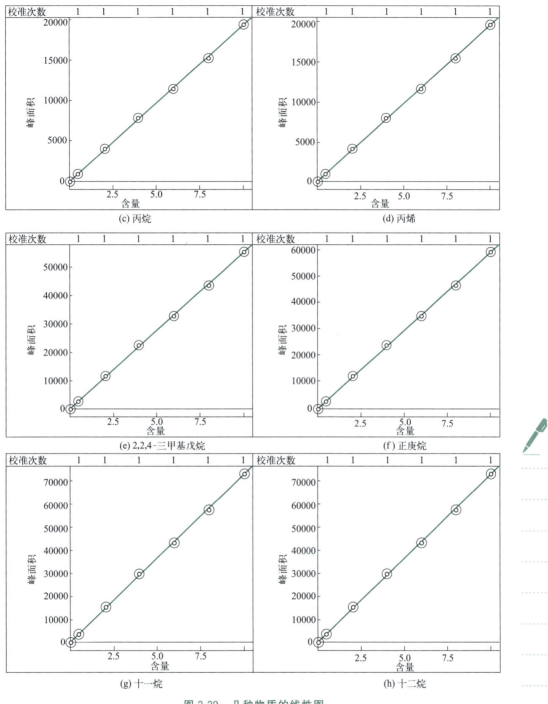

图 2-29 几种物质的线性图

③ 为了验证设备所得数据的真实有效性，测量环境空气中的异戊二烯，得到的异戊二烯排放规律与实际相符合（如图 2-30 所示）。

VOCs 浓度的时间变化规律：夏季大气中异戊二烯主要来自植被排放，强光照有利于异戊二烯排放。因此，异戊二烯浓度在日出后随着光照强度的增加逐渐升高，在

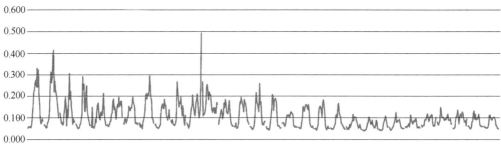

图 2-30　异戊二烯

中午左右达到最高值,下午由于化学消耗和排放强度的下降,浓度逐渐降低。

④ 无采样盲点。系统实时无盲点采样富集,最大限度保证测试数据的真实性。

⑤ 核心器件。系统使用高惰性管阀器件,增强了有机硫类特征物质的分析能力。

⑥ 具有可扩展性。系统可方便扩展环境空气中非甲烷的监测分析(低成本),并安装。

⑦ 智能化。系统配套 AMAE 自主知识产权的智能监控分析软件,智能分析测试谱图。

## 七、应用领域

挥发性有机物在线监测(FID/MS)系统都用于大气环境空气质量监测、光化学评估监测、防险救灾应急污染物泄漏预警监测、化工园区空气质量和治理项目评估以及 VOCs 源解析等相关领域。

## 八、系统操作

1. 运行前的准备

(1) 氢气发生器准备

氢气发生器主要为色谱仪提供干燥纯净的氢气,保证 FID 检测器正常工作。提前准备 2L 纯净水供氢气发生器使用。

① 将氢气发生器补液口连接管插入纯净水瓶中。

② 将氢气发生器电源线插入发生器电源口。

③ 打开发生器后面板上电源开关,此时氢气发生器会自动抽取纯净水。待发生器不再抽水时,表明发生器补水已经足够,可以正常产生氢气。

④ 发生器冷开机时,由于内部管路中有残留空气,建议将氢气发生器出口端放空 5min,之后产生的氢气比较干燥纯净。

⑤ 排空结束后,将氢气发生器管路接入仪器氢气口中。

(2) 零气发生器准备

零气为色谱仪提供干燥纯净的零级空气,作为 FID 检测器的助燃气体。

① 确保零气发生器进气口有稳定且大于 0.4MPa 的仪表风输入。

② 检查零气发生器前面板上的压力表是否有示数显示，如果没有，请检查仪表风或空机是否打开。

③ 将零气发生器前面板上开关按钮打开，待温控器示数到达 400℃ 并控制稳定时，仪器才可以放心使用。

④ 零气发生器上电后，无须进行参数设置。

（3）载气准备

AM-3200 型 VOCs 在线分析仪使用高纯氦气作为载气，准备时，需确保载气符合以下要求。

① 确保钢瓶稳固，不得出现晃动，并有气瓶保护装置。

② 将钢瓶气出口连接至分析仪载气口，将分压表调节至 0.4MPa。

（4）其他气体准备

高纯氮气作为空白样品，需确保氮气总压表读数不低于 3MPa，且钢瓶稳固，有气瓶保护装置，出口连接至对应的接口。内标气与标准气出口也均连接至仪器对应接口。

### 2. 仪器参数设置

（1）预浓缩解析系统参数设置

预浓缩解析系统的参数设置主要是对除水冷阱温度、冷阱富集温度、闪蒸温度、进样通道选择、伴热管线温度等参数进行设置，具体如图 2-31 所示。

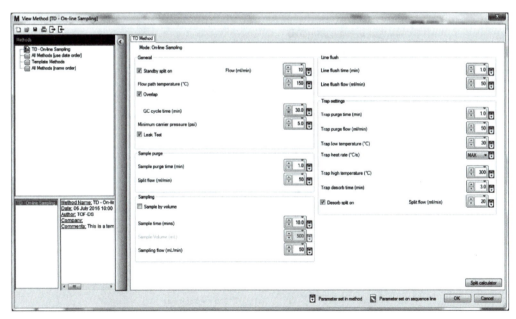

图 2-31　预浓缩解析系统参数设置

（2）GC-MS/FID 参数设置

气相色谱（GC）-质谱仪的参数设置可在 MSWS 8 软件上同时设置，设置界面如图 2-32 所示。

在参数设置对话框中，除了能够对气相色谱仪载气流速、柱温箱升温程序、中心

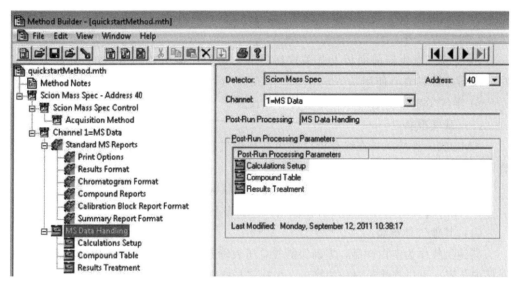

图 2-32　GC-MS/FID 参数设置

切割时间、质谱仪碎片离子范围等参数进行设置外，同时可对目标化合物的校准参数进行设置，如图 2-33 所示。

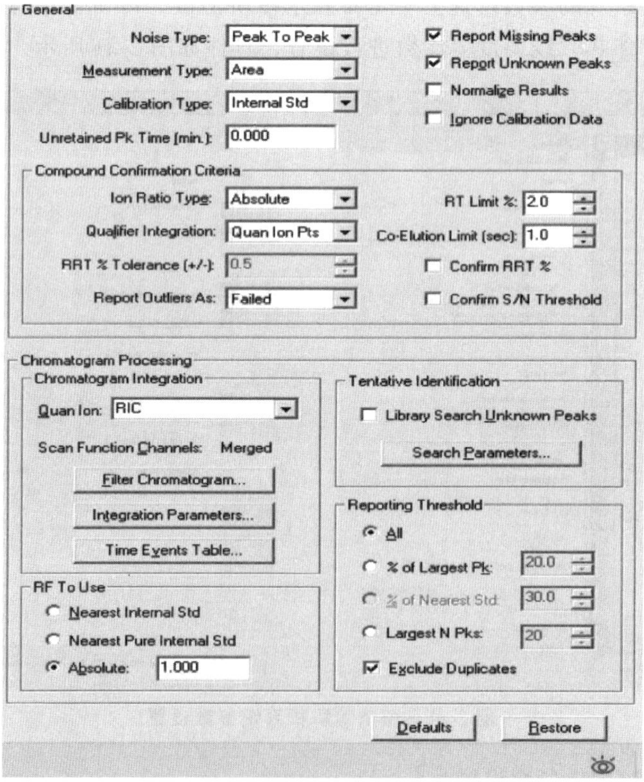

图 2-33　校准参数设置

对目标化合物的积分参数、校准曲线浓度点等参数进行设置，如图 2-34 所示。参数设置完毕后，命名保存，待调用。

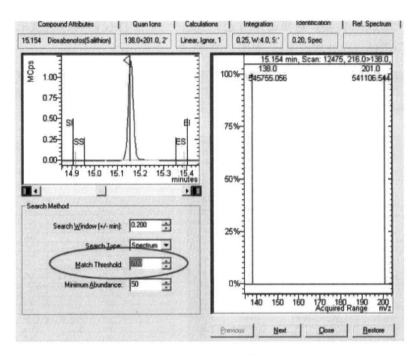

图 2-34　积分参数设置界面

3. 方法运行

（1）GC-MS/FID 运行

样品分析时，可进行单个样品的进样分析，也可编辑样品序列进行连续分析，并且可根据实际样品测试需求，进行不同方法间的有效切换，界面如图 2-35 所示。

图 2-35　样品列表编辑界面

点击"begin"按钮,选择调用方法,点击"ok",待仪器状态栏显示"Ready"后,即等待进样(前处理脱附),如图 2-36 所示。

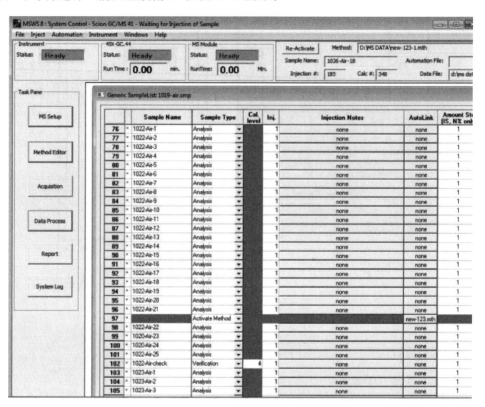

图 2-36　仪器准备就绪

(2) MARKES 前处理运行

参数设置好后,编辑进样通道及样品序列,如图 2-37 所示。

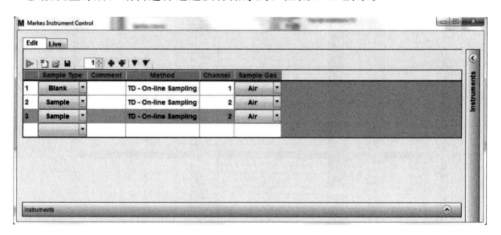

图 2-37　进样方法、通道选择及序列设置

点击工具栏中上点"开始"按钮,开始采样。界面显示如图 2-38 所示。此时,仪器是正常运行的。

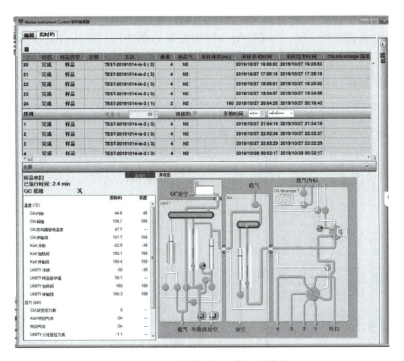

图 2-38　预浓缩解析系统运行界面

## 4. 测试结果

（1）数据读取

测试结果可直接在 VOCs MS 分析软件界面读取，如图 2-39 所示。

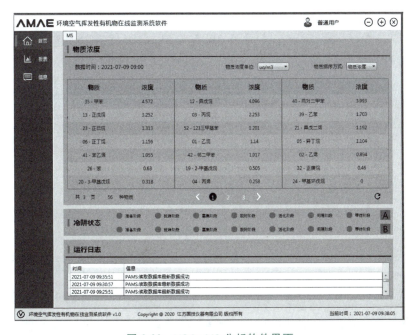

图 2-39　VOCs MS 分析软件界面

(2) 谱图浏览

若要浏览测试谱图,点击 MSWS 8 界面左对话框中的"Data Process"按钮即可(如图 2-40 所示)。该分析系统支持样品的批量处理,如图 2-41 所示。同时也支持对数据的审核和校正,如图 2-42 所示。

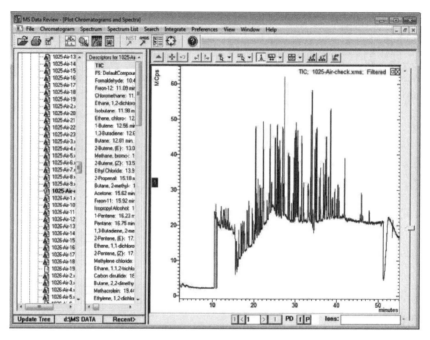

图 2-40 样品谱图

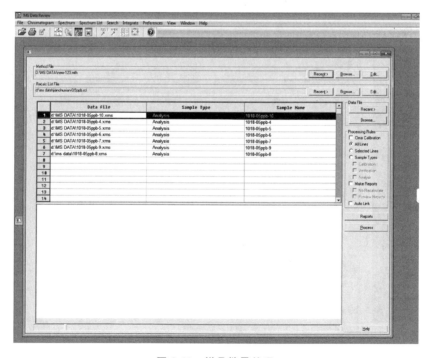

图 2-41 样品批量处理

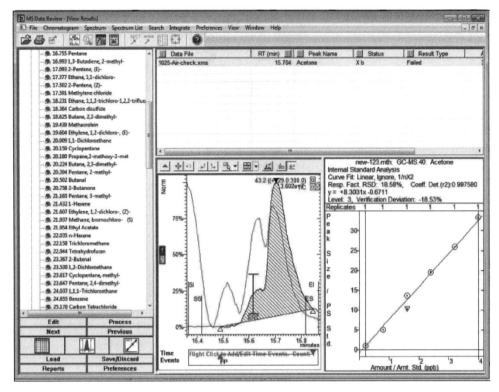

图 2-42 谱图积分审核界面

## 第四节 （污染源）挥发性有机物在线监测系统

### 一、系统概述

AM-3000 型挥发性有机物（VOCs）在线监测系统（如图 2-43 所示）是固定污染源废气中的 VOCs 在线监测设备。具备采集、处理、存储、表格和图文显示、故障警告、安全管理功能。可以查询统计实时、小时、日、月、年等各种定时段数据，支持数据输出。可测量非甲烷总烃（NMHC）、苯系物（BETX）、VOCs 特征因子等多种挥发性有机物。该系统可广泛应用于各种工业污染源 VOCs 的排放监测。

VOCs 在线监测系统采用气相色谱技术进行样品中甲烷、总烃和苯系物样品的分析检测，在系统采样泵的作用下，样品进入高精度定量环中进行定体积取样，并将样品压力平衡至大气压。通过阀切换，在载气作用下，采集到的样品分别被送入各自的色谱柱中进行分离分析，被分离后的样品依次进入氢火焰离子化检测器（FID）中进行检测，通过集成软件自动计算，得到各组分的色谱定性定量分析数据。

图 2-43　AM-3000 型挥发性有机物（VOCs）在线监测仪

## 二、系统组成

AM-3000 型 VOCs 在线监测系统由采样系统、预处理系统、气相色谱分析仪、标定系统以及其他辅助设备、数据采集系统组成。

AM-3000 型系统仪表柜的前后面板如图 2-44 所示。

系统仪表柜前后面板各部分的功能如下。

① 工控机　进行 AM-3000 型挥发性有机物在线监测软件的操作，汇总所有气体浓度信息和工作状态信息，具有生成报表、存储数据、查询历史记录、与环保部门联网通信等功能。

② VOCs 在线分析仪　采用气相色谱方法进行挥发性有机物样品的在线分析检测。

③ 零气发生器　为色谱仪提供干燥纯净的零级空气。

④ 预处理控制面板　预处理控制面板上设有温度控制器、报警灯、运行/维护开关、反吹按钮等，用于对系统进行监控和手动操作。

⑤ 气路控制系统　由过滤减压阀、电磁阀和气路组成，主要实现采样、反吹、标定等气路的控制，必要时打开挡板进行维护。

⑥ 氢气发生器　为色谱仪提供干燥纯净的氢气。

⑦ 采样预处理系统　由高温过滤器、高温气动阀、样气连接、标气连接、湿度传感器模块等组成，实现气体的采样、反吹、标定等过程。采样预处理模块与 VOCs

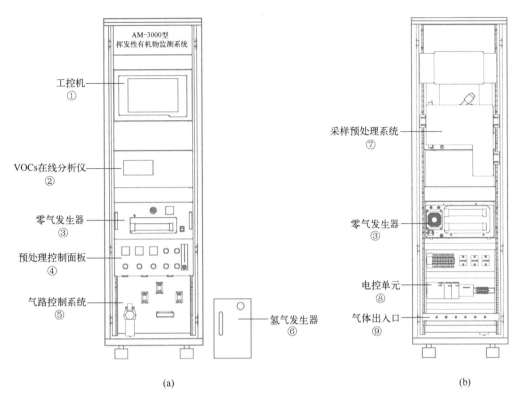

图 2-44 AM-3000 型系统仪表柜前面板（a）和后面板（b）

分析仪无缝连接，整个样品传输过程中无冷点存在。

⑧ 电控单元　电控单元由控制电磁阀、电控器件及相关管路组成，必要时打开维护。

⑨ 气体出入口　AM-3000 型系统各种气源的进出口，包括仪表风入口、标气入口、零气入口和排空气出口。

1. 采样预处理系统

AM-3000 型系统预处理的流程如图 2-45 所示。

烟气经过高温采样探头和伴热管到达采样预处理系统，在预处理系统内部高温加热，温度可调。温度与伴热管线温度、VOCs 在线分析仪阀箱温度保持一致，保证样品经采样探头、伴热管线进入分析仪器内部时，无水汽及样品的冷凝。温度可以通过前面板上的温控器进行调节。

预处理系统内部集成高温过滤器，防止样品中残留颗粒物进入分析仪器，影响分析仪器使用寿命。

高温气动阀主要用于系统反吹及仪表标定时的气路控制，防止标定时气体进入伴热管线，影响标定的准确性。

湿度传感器用于实时监测采集样气的湿度，信号经集线器传输至 AM-3000 型挥发性有机物在线监测软件进行读取和记录。

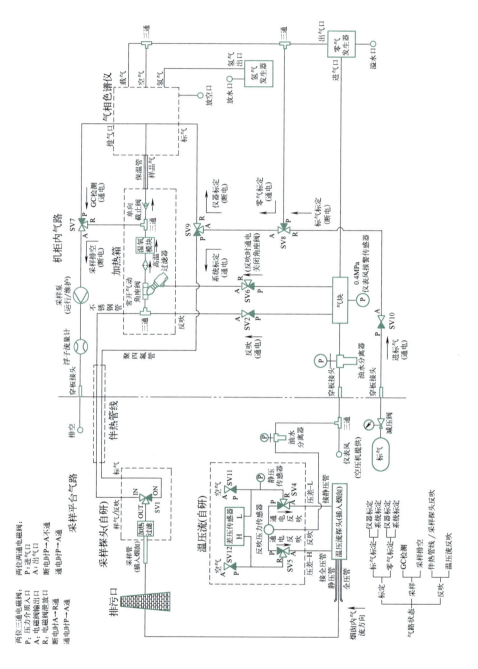

图 2-45 AM-3000 型系统预处理流程

## 2. 在线分析仪

GC1000型VOCs在线分析仪（如图2-46所示），采用气相色谱-氢火焰离子化检测技术进行样品中各类VOCs的在线分析检测。仪器采用高精密定量环进行样品的准确定量采集；通过阀切换，实现样品采集及进样分析；样品经色谱柱分离后依次进入FID中进行定量分析检测。

图2-46　GC1000型VOCs在线分析仪

GC1000型VOCs在线分析仪主要由气路控制模块、电路控制模块、采样模块、分离模块、检测模块、数据显示模块、通信模块等组成，实现VOCs测量、显示及通信功能。GC1000型VOCs在线分析仪内部结构如图2-47所示。

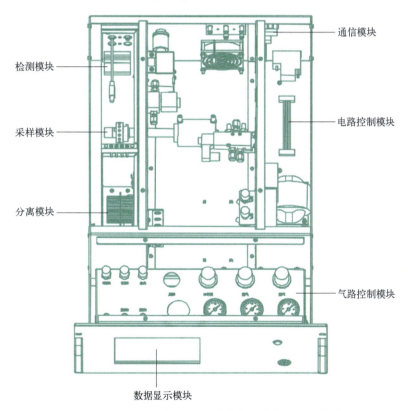

图2-47　GC1000型VOCs在线分析仪内部结构示意图

GC1000型VOCs在线分析仪各部分的功能如下。

① 气路控制模块：载气、空气、氢气等所需气体流量的准确控制。

② 电路控制模块：时序中所需要阀的控制操作及数据的采集和处理。

③ 采样模块：样品采集。

④ 分离模块：VOCs 样品分离。

⑤ 检测模块：VOCs 样品检测。

⑥ 数据显示模块：实时数据显示及仪器的参数设置、校准等人机交互操作。

⑦ 通信模块：检测结果、仪器状态参数的通信传输。

GC1000 型 VOCs 在线分析仪具有一键式操作功能，易于上手。同时，具有氢气保护、温度报警、浓度阈值报警、阀维护时间报警等功能，方便了解仪器的使用情况和状态，使用和维护简单方便。

### 3. 烟气参数监测子系统

AM-3000 型烟气参数监测子系统由差压变送器、皮托管、温度变送器、压力变送器、反吹系统等构成，主要测量烟气流速、温度、压力、湿度，以及实现探头的反吹等。各参数监测原理和指标如下。

（1）流速测量

① 仪器：流速测量仪。

② 测量原理：皮托管加差压变送器（皮托管＋差压变送器）。

③ 测量范围：(0～10) m/s 到 (0～80) m/s，根据实际工况选择测量范围。

④ 测量精度：≤±0.2%F.S.。

⑤ 输入电压：24V（DC）。

⑥ 输出电流：两线制 4～20mA。

⑦ 插入长度：200～2000mm 或定制长度。

⑧ 其他：表面喷涂防腐材料（聚四氟）；配套安装法兰与螺栓垫片。

⑨ 反吹系统：包括 SMC 电磁阀、气嘴、三通等。

⑩ 输入电压：220V（AC）。

（2）压力测量

① 仪器：压力变送器。

② 测量原理：压力传感器。

③ 测量范围：－10～10kPa（根据实际工况可选）。

④ 测量精度：±0.5%。

⑤ 输入电压：24V（DC）。

⑥ 输出电流：两线制 4～20mA。

（3）温度测量

① 仪器：温度变送器。

② 测量原理：温度传感器。

③ 材质：WZP 铂电阻。

④ 测量范围：0～300℃（根据实际工况可选）。

⑤ 测量精度：±0.2%。
⑥ 输入电压：24V（DC）。
⑦ 输出电流：两线制 4～20mA。
⑧ 插入长度：200～2000mm 或定制插入长度。
⑨ 其他：温度变送器套管外壳喷涂防腐材料（聚四氟），配套安装底座。

(4) 湿度 & 氧测量（选配）

① 仪器：湿度 & 氧变送器。

② 测量原理：以微处理机为核心，以离子流湿度传感器为测量单元的智能湿度 & 氧变送器。仪器通过软件 PID 技术控制两个传感器参比电压，分别测试游离态氧气浓度、游离态和混合态氧浓度，对两只传感器的输出信号进行放大、滤波、线性化修正等电气处理后，由微处理计算机算出样气中湿度和氧浓度，最后输出正比于样气湿度和氧浓度的标准电流或电压信号。

③ 湿度 & 氧测量相关技术指标参数如表 2-26 所示。

表 2-26 湿度 & 氧测量技术指标参数

| 测量项目 | 湿度测量($H_2O$) | 氧测量($O_2$) |
| --- | --- | --- |
| 测量范围 | 0～40% | 0～25% |
| 精度 | ±1% F.S. | ±1.5% F.S.（0～1%）<br>测量值的±1.5% F.S.（0～25%） |
| 重复性 | ±1% F.S./7d | ±1.5% F.S.（0～1%）<br>测量值的±1.5% F.S.（0～25%） |
| 稳定性 | ±1% F.S./7d | ±1.5% F.S./7d（0～1%）<br>测量值的±1.5% F.S./7d（0～25%） |
| 响应时间 | $T_{90}<30s$ | $T_{90}<30s$ |
| 传感器寿命 | 大于 2 年(正常使用) | 大于 2 年(正常使用) |
| 变送器寿命 | 大于 5 年(正常使用) | 大于 5 年(正常使用) |
| 环境温度 | 变送器:10～50℃<br>探头:0～200℃(探头电缆除外) | 变送器:10～50℃<br>探头:0～200℃(探头电缆除外) |
| 环境湿度 | <85%(RH) | <85%(RH) |
| 样气流量 | 2～6L/min | 2～6L/min |

## 4. 数据采集与处理子系统

数据采集与处理子系统由集线箱、上位机、AM-3000 型挥发性有机物在线监测软件、企业 DCS（集散控制系统）联网单元、数据远传单元等构成。

集线箱安装在户外平台上，平台上所有设备均由集线箱进行供电，同时集线箱接收所有设备的输出信号，通过内部处理单元转换为工业现场经常使用的 RS-485 协议传输到上位机。通过安装在上位机上的 AM-3000 型挥发性有机物在线监测软件监控查询所有测量信息和仪表工作状态信息。上位机软件可以同时生成国家环保部门要求的数据，通过数据远传单元（GPRS、Internet 等）传送到环保行政主管部门，上位机也可以连接 DCS 联网单元实现与企业内部的 DCS 联网。

## 三、监测原理

### 1. FID 基本原理

VOCs 进入氢火焰离子化检测器（FID）中，在氢气和空气燃烧的火焰中被解离成正负离子。在极化电压形成的电场中，正负离子向各自相反的电极移动，形成的离子流被收集吸收、输出，经阻抗转化，放大器（放大 $10^7 \sim 10^{10}$ 倍）便获得可测量的电信号，通过标准气体对电信号的刻度化，就可以得到样气的浓度值。测试过程中不存在水分、酸碱气的影响，测量结果稳定可靠，系统可靠，维护简单。

### 2. GC-FID 基本原理

基于气相色谱-氢火焰离子化检测器（GC-FID）技术，样气经不同分离管柱分离之后，待测有机物组分依次被送入 FID 检测器，在氢火焰中被电离成碳阳离子和电子，其产生的微电流经由信号放大器输出，对电流信号进行检测和记录即可得到相应的谱图。

## 四、技术指标

AM-3000 型挥发性有机物在线监测系统技术指标具体详细参数（行业标准）如表 2-27 所示。

表 2-27　技术指标（行业标准）

| 测量项目 | | 技术指标 | 单位 |
|---|---|---|---|
| 测量范围 | 甲烷 | 0~1000 | mg/m³ |
| | 非甲烷总烃 | 0~1000 | mg/m³ |
| | 苯 | 0~200 | mg/m³ |
| | 甲苯 | 0~200 | mg/m³ |
| | 二甲苯 | 0~200 | mg/m³ |
| 示值误差 | | ±10% | — |
| 重复性 | | ≤3% | — |
| 零点漂移 | | ±5% F.S./4h | — |
| 量程漂移 | | ±5% F.S./4h | — |
| 绝缘电阻 | | ≥20 | MΩ |
| 绝缘强度 | | 在正常环境条件和关闭检测仪电路状态下,电源相与机壳(接地端)之间,施加 50Hz、1500V 的交流电压 1min,应无异常现象(电弧和击穿) | |

注：非甲烷总烃排放浓度单位换算 mg/m³ = 0.54 μmol/mol。

## 五、系统特点

挥发性有机物（VOCs）在线监系统主要具有以下特点。

① 采用双柱氢火焰离子化检测器（FID）气相色谱法分别测出总烃和甲烷的含量，符合《固定污染源废气 总烃、甲烷和非甲烷总烃的测定 气相色谱法》（HJ 38—2017）的技术要求。

② 采样管线、主流路器件选用抗腐蚀和惰性化的材料，样品吸附少。样品传输流路设计无任何冷点，保证了样气的无损传输，确保数据的真实性。

③ 测试流程内置反吹程序，保持色谱洁净，不被高沸点 VOCs 污染，延长色谱使用寿命，节省了维护成本。

④ 在不影响功能的前提下，采用 14 通单阀切换设计，较行业内普遍采用的两阀或三阀设计可靠性更强。

⑤ FID 检测器自动点火，火焰熄灭氢气自动切断，异常断电通电后可自行启动，保障长期运行的安全性和可靠性。

## 六、应用领域

VOCs 在线监测系统可广泛应用于各种工业污染源 VOCs 的排放监测，例如半导体、电子、医药、石化、化工、印刷、汽车、涂装、橡胶等多种工业源，性能稳定可靠，集成化程度高。

## 七、系统操作

### 1. 操作区域

系统日常操作主要有以下两个区域。

① 采样预处理机柜前后面板，能够在维护状态时完成系统的手动校准、手动反吹等操作，同时可以对各路温控参数进行调节。

② 在线分析仪器操作界面，可以完成参数设定、算法参数调整、仪表校准等。

机柜正面板上设有提供手动操作的预处理控制面板。预处理控制面板上设有温度控制器、报警灯、维护开关、反吹按钮和流量显示器，用于对系统的监控和手动操作。图 2-48 是预处理控制面板各项设置示意图。

系统正常运行时，请将系统状态旋钮旋至运行端；进行系统校准、仪器校准或反吹时，请将系统状态旋钮旋至维护端。

### 2. 运行前的准备

（1）上电前检查

一般来讲，系统上电前主要检查以下几点。

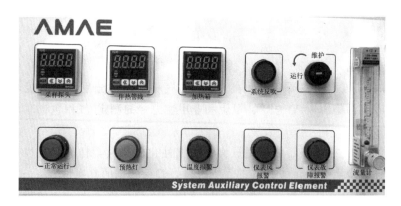

图 2-48 预处理控制面板各项设置示意图（标准配置）

① 系统应接地良好。
② 仪表风（0.4~0.6MPa）应准备并连接好。
③ 光纤应连接牢固且弯曲半径大于 8cm。
④ 系统排气出口用气管引到室外。

（2）上电顺序

系统上电开关位于 AM-3000 型机柜后背板预处理电控部分。图 2-49 是系统上电开关局部图。上电时，先打开总开关，再依次打开各分开关。

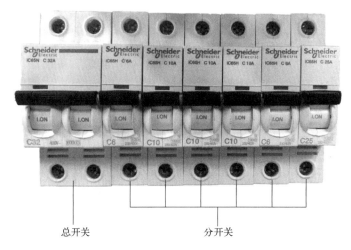

图 2-49 上电开关局部图

（3）设置温度显示模块

温度显示模块由三部分组成，即采样探头温控、伴热管线温控、加热箱温控。此三部分温控，独立控制，可分别进行温控参数设置。任何一个温控出现故障时，状态指示灯中"温度报警"指示灯均会开启。

以下是温控器常用的设置。

① 按温控器"MD"4s 以上，调出第二组设定：设置"IN-T"为"DPTH"，设置"AL-1"为"AL3"。按住"MD"3s 以上确认设置成功。

② 按住温控器"MD"2s 以上，调出第一组设定："AL-1"为 20。按住"MD" 3s 以上确认设置成功。

(4) 氢气发生器准备

氢气发生器主要为色谱仪提供干燥纯净的氢气，保证 FID 检测器正常工作。提前准备 2L 纯净水供氢气发生器使用。氢气发生器拆箱前请确保包装完好无损。

将氢气发生器取出，放在合适位置，然后进行下列操作。

① 将氢气发生器补液口连接管插入纯净水瓶中。

② 将氢气发生器电源线插入发生器电源口。

③ 打开发生器后面板上电源开关，此时氢气发生器会自动抽取纯净水。待发生器不再抽水时，表明发生器补水已经足够，可以正常产生氢气。

④ 发生器冷开机时，由于内部管路中有残留空气，建议将氢气发生器出口端放空 5min，之后产生的氢气比较干燥纯净。

⑤ 排空结束后，将氢气发生器管路接入仪器氢气口中。

【注意】 氢气发生器排空时，流量最大；接入仪器的氢气接口时，如果没有点火，氢气流量应该为 0mL/min；如果不是 0mL/min，氢气发生器或仪器内部的氢气管路可能存在漏气现象，请按照流路逐步检查。

(5) 零气发生器准备

零气为色谱仪提供干燥纯净的零级空气，作为 FID 检测器的阻燃气体。

① 确保零气发生器进气口有稳定且大于 0.4MPa 的仪表风输入。

② 检查零气发生器前面板上的压力表是否有示数显示，如果没有，请检查仪表风或空机是否打开。

③ 将零气发生器前面板上开关按钮打开，待温控器示数到达 380℃并控制稳定时，仪器才可以放心使用。

④ 零气发生器上电后，不需要进行参数设置。

(6) 载气准备

GC1000 型 VOCs 在线分析仪可使用高纯氮气或高纯零级空气作为载气。当使用高纯氮气作为仪器正常运行分析载气时，需注意以下两点。

① 确保钢瓶稳固，不得出现晃动，并有气瓶保护装置。

② 将钢瓶气出口连接至分析仪载气口，将分压表调节至 0.4MPa。

当使用零气空气作为仪器正常运行分析载气时，需注意以下两点。

① 确保零气发生器出口端有三通分出，一路连接至载气口，一路连接至空气口。

② 确保零气发生器前面板上压力大于等于 0.4MPa。

3. 参数设置

(1) GC1000 型在线分析仪参数设置

① 气路和电路连接　GC1000 型 VOCs 在线分析仪出厂时，经过严格的系统测试，上电开机后，仪器自动升温，FID 检测器自动点火，自动循环运行。仪器开机运行前，请确保仪器后面板上气路和电路均已连接，接头拧紧，如图 2-50 所示。

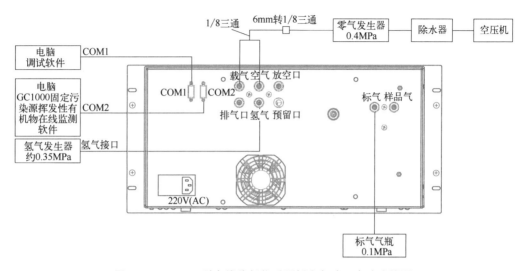

图 2-50 GC1000 型在线分析仪后面板上气路、电路连线图

② 峰窗口位置确认 COM1 接口连接至工控机上，主要用于调试软件，进行色谱峰窗口查看及调节。色谱峰窗口调试软件界面如图 2-51 所示。

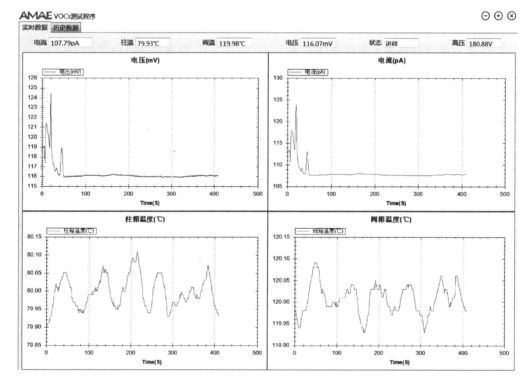

图 2-51 色谱峰窗口调试软件界面

COM2 接口连接至工控机上，主要用于与 AM-3000 型挥发性有机物在线监测软件通信连接，可以实现检测结果、仪器状态、报警信息等数据的上传。

仪器连接的所有附属设备均能正常工作，且仪器后面板上所有气路、电路均连接完成后，打开仪器前面板上电源按钮。

在工控机上打开"VOC 测试程序"软件。

峰窗口调试软件使用步骤如下。

a. 观察仪器基线：先将仪器运行模式调至待机运行，点击"仪器设置"→"运行模式"，选择"待机运行"。待仪器基线稳定后，通标气进行峰窗口位置确认。如图 2-52 所示，仪器基线漂移小于 0.5pA，仪器状态已经稳定，一般需要 2~3h 左右。

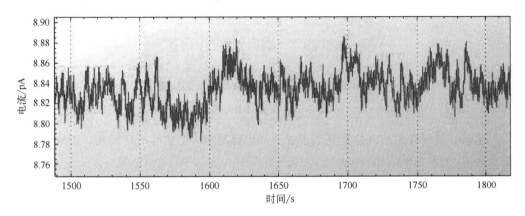

图 2-52　基线稳定判断

b. 组分峰窗口确认，主要有调节标气、预循环、峰起始和结束位置的确认。

ⅰ. 调节标气：将标气连接后，调节分压阀至 0.1MPa，并按照流路连接。

ⅱ. 预循环：点击仪器面板上的"仪器设置"→"运行模式"，选择"循环运行"，待仪器运行 2 个循环后，开始出峰，如图 2-53 所示。

ⅲ. 峰起始和结束位置确认：点击"积分设置"，观察已设置的峰位置、起始位置、结束位置是否合适，如果峰的起始位置和结束位置已经与实际偏差较大，请按照图 2-54 进行调整。

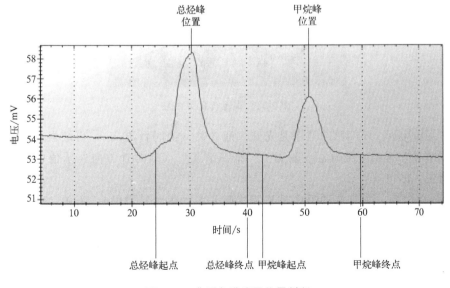

图 2-53　典型色谱峰及位置判断

图 2-54 峰窗口调节界面

注意：甲烷峰的结束位置要小于等于"运行时序"的进样时序时间，否则会报警提示。

③ 校准　峰的起始位置和结束位置确定后，仪器可以进行校准。

a. 气瓶调节。如图 2-55 所示，一般气瓶内装的是高压气体，因此使用气体时需要在气瓶出口（由气瓶旋钮控制）处连接一个"两级压力调节器"进行减压后才能使用。"两级压力调节器"有两个表头：靠近气瓶的是"高压表头"，气瓶旋开后它能自动显示气瓶内的当前压力；远离气瓶的是"低压表头"，通过它能调节所需要输出的气体压力值。

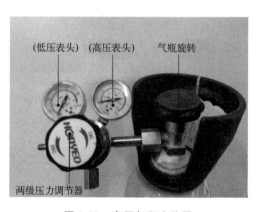

图 2-55 高压气瓶实物图

ⅰ. 开气瓶：开气瓶的顺序是先开气瓶开关（逆时针方向），再缓慢打开"两级压力调节器"至相应压力，一般调节"低压表头"（顺时针方向）示值保持在接近"0.1MPa"即可。

ⅱ. 关气瓶：关气瓶的顺序是先关气瓶开关（顺时针方向），再关"气体压力二级减压阀"中的开关（逆时针方向），当"低压表头"示值即将为"0MPa"即可。

b. PLC（可编程逻辑控制器）配置。PLC 配置主要用于进行不同校准时，对不同阀进行开启操作。

ⅰ. 先将预处理控制面板上的系统状态选择按钮旋至"维护"状态，如图 2-48

所示。

ⅱ. 双击打开"AM-3000 型挥发性有机物在线监测软件",登录高级用户,密码"＊＊＊＊＊＊＊";在"配置"中,选择"PLC 设置"(如图 2-56 所示)。

ⅲ. 依据不同的标定要求,选择打开相应的操作(如图 2-57 所示)。

图 2-56　PLC 控制配置

图 2-57　标定选择

c. 仪器校准设置

ⅰ. 选择校准类型:点击"仪器校准"→"单点校准"。

ⅱ. 设置校准浓度:确认好校准单位与标气单位一致后,输入甲烷和总烃的浓度数值(如图 2-58 所示)。

ⅲ. 设置校准次数:排空次数设置为 1,校准次数设置为 3。

ⅳ. 执行校准:点击"执行校准",仪器开始进行校准。

ⅴ. 校准结束:校准结束后,弹出校准结果对话框。观察测试结果的 RSD 值,当 RSD 小于 1%时，表明仪器重复性良好，点击"确定"，点击"保存"，仪器校准结束。

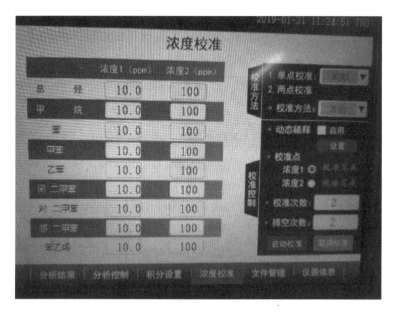

图 2-58　校准界面

【注意】

① 如果是 $mg/m^3$ 的单位，请在"仪器设置"→"参数设置"中，选择 $mg/m^3$ 的单位，并点击"保存"；

② $mg/m^3$ 单位的标气，总烃浓度＝甲烷浓度＋丙烷浓度；

③ 如果是 ppm 的单位，总烃浓度＝甲烷浓度＋2.75×丙烷浓度。

(2) AM-3000 型监控软件参数设置

双击"VOCs.AM-3000.exe"图标，打开 AM-3000 型挥发性有机物在线监测软件。登录管理员用户，登录密码"＊＊＊＊＊＊＊"。

① 串口配置　点击"配置"→"串口配置"。在"串口配置"中可以配置与串口相连的设备，以及与该设备通信的波特率。串口配置界面如图 2-59 所示。串口的数量由工控机串口个数决定，用户需根据与串口相连的设备在相应选项卡中选择相应波特率。点击"保存"按钮使设置串口配置生效。

② 温压流量程配置　点击"配置"→"温压流量程配置"，如图 2-60 所示。此界面中用户可以修改量程下限和量程上限，点击"保存"按钮使其生效。

③ 常量系数配置　常量系数配置主要配置一些常规系数，用于部分检测参数的计算，如图 2-61 和图 2-62 所示。

④ 显示测量因子配置　显示测量因子配置主要用于需要检测的组分选择，以及需要进行实时曲线显示的组分选择，如图 2-63 所示。点击"保存"按钮，软件重启后使其生效。

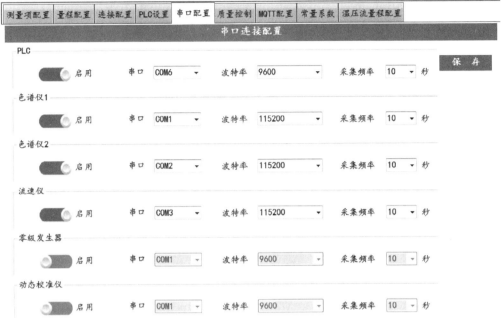

图 2-59 串口配置界面

图 2-60 温压流量程配置界面

图 2-61　常量系数配置路径界面

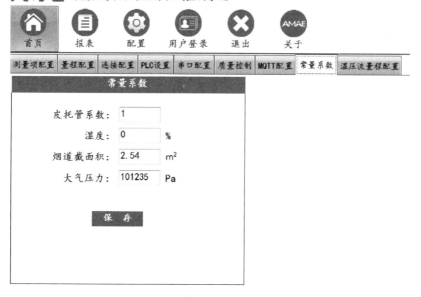

图 2-62　常量系数配置界面

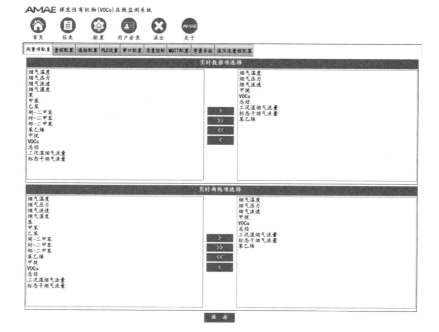

图 2-63　显示测量因子配置界面

⑤ 报表数据　报表数据可以进行小时报表、日报表、月报表、年度报表的统计，如图 2-64 所示。可以将报表数据以 excel 表格方式导出进行查看。

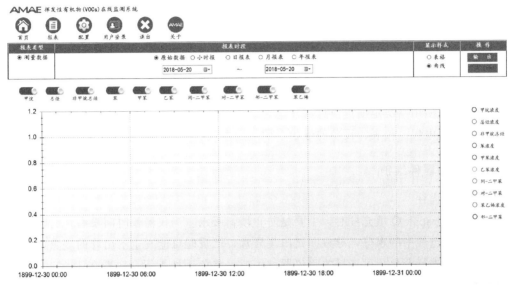

图 2-64　报表数据查看界面

⑥ 报表曲线　选择要查询的组分名称和报表类型（小时报表、日报表、月报表、年度报表），点击生成报表曲线，如图 2-64 所示。

### 4. 反吹

在较为恶劣的现场测量场合，为了保证 AM-3000 型系统能长期连续运行，AM-3000 型系统需用吹扫气体进行吹扫，避免测量环境中粉尘或其他污染物对探头、气体室造成影响。

前面板上反吹为系统反吹，可以实现伴热管线和采样探头的同时反吹。

系统在运行过程中，默认每隔 4h 自动反吹。

## 八、维护标定

### 1. 日常维护

日常维护对于保持和提高 AM-3000 型系统的运行效率及使用寿命至关重要，主要有以下几方面。

① 检查柱箱温度和阀箱温度控制是否正常。

② 检查 FID 检测器的基线是否正常（超过熄火判断阈值）。

③ 每月对 VOCs 气体分析仪进行一次零点和量程标定。

④ 每天检查时，注意氢气发生器、零气发生器工作状态是否正常，变色硅胶是否需要更换。

⑤ 查看工控机、仪表、温度控制器等读数是否正常，是否有故障指示信号。如不正常，首先检查工况是否变化，如工况没有变化，对仪器进行一次标定。如还不正常，请联系厂家客户服务部。

⑥ 检查工控机显示的烟道流量、温度、压力参数是否正常，如有异常要进行检查维护。

⑦ 检查仪表风压力是否正常，如不正常，检查气路连接是否漏气。

⑧ 检查气路是否堵塞，电磁阀是否损坏，如损坏请停机，并及时更换电磁阀。

⑨ 根据使用情况定期更换过滤器滤芯。

⑩ 其他电气、仪表、设备的维护参照通用电气、仪表、设备维护规范。

**2. 气路器件维护**

(1) 色谱柱

使用 Porapak Q 填充柱时，主要是防止填料吸水。当仪器长时间没有运行时，色谱柱会吸附空气中的水分，导致图谱出现异常，严重时可能发生不出峰的现象，此时需对色谱柱进行老化。可选择关闭仪器，用扳手将色谱柱拆下，放置在 150℃ 的烤炉中烘烤，同时使用 20mL/min 左右的高纯氮气进行吹扫（只加热不吹扫，没有老化效果）。也可以在色谱仪上进行老化，停止循环运行，将柱箱和阀箱温度分别设置成 110℃ 和 80℃，老化 24h。

(2) 十四通阀/十通阀/六通阀

如果灰尘进入或柱子流失严重，十通阀和六通阀转子上的孔道就会阻塞，进而导致阀状态切换异常。

现象：测量结果明显偏低，甚至总烃和甲烷没有色谱峰出现或测量数据很小。

预防：注意检查仪器内部高温采样过滤器是否有效，使用洁净的载气气源，如使用零级空气作为载气，增加 2μm 一级过滤器，选用低流失的色谱柱。如果不确定，请联系客服或分销商，咨询有关过滤器和柱子的意见。

进行转子的更换，必须准确按步骤操作。拆开的转子阀如图 2-65 所示。

通过打开十通阀，清洁顶部，更换转子加以维护。需要准备以下材料：内六角扳手，长十字旋具，超声清洗器，中型肥皂，无水酒精，蒸馏水，小钳子等。操作步骤如下。

① 关闭并切断系统电源和气体。

② 将其放置于无灰尘处，并留有足够空间放置从仪器上取出的其他小部件。

③ 移走所有转子阀连接接头。转子阀头上每个接头对应有编号，放置每根管路时，请用标签纸标明每根管路对应的位置。有些管路很长，取出时尽量不要弯曲，否则很难再装回去。

④ 取下所有连接管路后，用手逆时针拧下图 2-65 中的预装载组件。

⑤ 用内六角旋具刀拧下阀顶上两个紧固螺钉，取下阀头。

⑥ 将阀头中转子取出，检查顶部部件和转子。

⑦ 把阀头装入倒有无水酒精的烧杯中，将烧杯置于超声清洗器里超声清洁，直到阀顶光面干净如镜。然后用蒸馏水清洗，并在炉箱中 90℃ 下干燥。

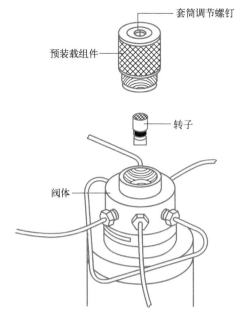

图 2-65 十通转子阀拆卸图

⑧ 一般情况下，转子不能超声清洁，如影响使用，必要时用钳子将其取出，并更换新的转子。

⑨ 拧紧所有与十通阀相连接头和管路，注意不要拧太紧，安装时不要折弯管路。

（3）隔膜泵

若隔膜泵抽速下降或进出气口发生同时抽气和排气现象，一般是由于隔膜泵中隔

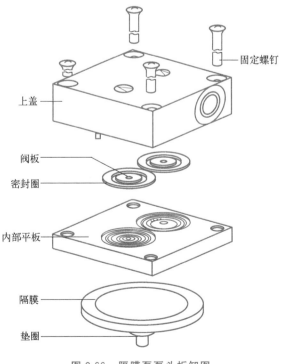

图 2-66 隔膜泵泵头拆卸图

膜较脏或有固体颗粒物进入,这时可对隔膜泵进行维护。按图 2-66 对泵头进行拆卸,检查密封圈或隔膜是否干净,若较脏可用酒精或类似清洁剂清洁,不能使用类似丙酮的溶剂;若损坏,需更换。维护完成后重新安装泵头,确保零件位置正确,注意泵盖、中间隔板和泵腔位置。安装完毕后重新测试泵功能。

### 3. 故障和报警

当 AM-3000 型系统发生故障时,操作面板报警灯会发出报警,提醒操作人员及时对系统进行维护,确保系统安全稳定运行。

(1) 系统故障

常见的系统故障和对应解决办法详见表 2-28。

表 2-28 常见系统故障和对应解决办法

| 故障及故障信息 | 故障原因 | 检查及排除方法 |
|---|---|---|
| 开机时系统无反应 | 空气开关未打开或其他电路故障 | 检查各个空气开关及漏电保护开关是否打开 |
| 系统报警灯点亮 | 仪表单元报警 | 检查处理相关报警 |
| 温度报警灯点亮 | 采样探头、加热箱、伴热管道温度没有达到设定值 | 检查上述部件工作情况,查看相对应固态继电器、加热器、温度传感器是否正常工作。如损坏,请及时更换 |
| 工控机显示屏无实时数据 | 通信故障 | 检查通信电缆是否牢靠,是否非法修改通信参数设置,集线箱是否供电 |
| 温度、压力、流速测量值偏差过大 | 皮托管阻塞,传感器电路松动、短路、断路等;零点或量程严重漂移 | 检查管路和电路,排除故障;零点或量程严重漂移,送有资质的检测机构校准 |
| 气体极限报警、气体测量数值异常 | 实际排放浓度超标数据采集、通信电路是否正常,可能分析仪严重漂移 | 检查锅炉燃料和系统是否有故障;检查集线器、通信线路是否有故障;零点严重漂移,对分析仪进行校准 |

【注意】 检修工作必须由受过专门培训或具有仪器操作控制相关知识(例如自动化技术)的技术人员实施,实施过程中应注意按照电气检修规范操作,以保证人员和设备安全。

(2) 仪表报警

当系统运行发生异常时,或某种气体的检测含量超过规定极限值时,AM-3000 型系统中的仪表会发出报警。不同报警需要依据实际情况进行报警消除。

分析仪器常见故障和对应解决办法如表 2-29 所示。

表 2-29 分析仪器常见故障和对应解决办法

| 问题 | 原因 | 分析问题/修理细节 |
|---|---|---|
| 仪器不能启动 | 连接线松散 | 检查仪器开关位置连接、各印制电路板(PCB)电源及 PCB 之间的连接线是否到位,可能在运输过程中连接发生松散。检查时注意系统静电脉冲 |
| | 保险丝熔断 | 在入口处用备用保险丝代替,检查下一次启动时发生的情况 |
| | SD 卡故障 | 检查主板 SD 卡是否连接良好,如果没有,请插紧或联系供应商更换新 SD 卡 |

续表

| 问题 | 原因 | 分析问题/修理细节 |
|---|---|---|
| 气体供应出现漏气 | 载气系统连接不好 | 载气系统的连接来源于仪器背面载气连接端口,首先经过三通阀岛被分别用于阀切换和载气;阀切换又被分成 A/B 两种状态;载气通过载气减压阀后,分别输送至 3 个针阀用于精密流量调节。3 个针阀处采用密封圈密封,按照该流路逐一检查相应接头是否漏气 |
| | 色谱柱系统漏气 | 运输后直接出现或几个小时后出现。由色谱柱接头松动引起,请检查所有接头连接,若有漏气请拧紧半圈后再检查 |
| | 零级空气漏气 | 零级空气主要用作 FID 检测器的助燃气,气体由仪器后面板引入,连接至空气减压阀,经阀岛转换直接进入 FID 检测器,检查减压阀及各个连接处接头是否漏气 |
| | 氢气漏气 | 氢气主要用作 FID 检测器的燃烧气,气体由仪器后面板引入,首先经过两通常闭电磁阀,然后进入减压阀,经阀岛转换连接至阀箱中的四通,后进入 FID 检测器,检查两通电磁阀、减压阀及各个连接处接头是否漏气 |
| | 阀漏气 | 十通阀和六通阀的漏气,用手旋紧每一个接头,检查是否有接头松动,如果有明显松动,请用 1/4 扳手拧紧。如确定阀头上所有接头均已拧紧,仍然漏气,请联系供应商 |
| 保留时间不稳定 | 水汽影响 | 检查氢气发生器变色硅胶或零气发生器变色硅胶是否在安全使用范围内,如果有 2/3 以上变成粉红色请更换 |
| | 室内温度每小时偏差大于 5℃ | 观察变化是否保持在 5℃ 以下或者至少将仪器远离空调气流放置,尤其保护好左侧箱 |
| | 该类色谱柱质量差或柱流失 | 老化色谱柱或更换新柱。请咨询供应商,使其最佳 |
| | 柱箱中铂电阻损坏 | 如果怀疑可能用了不同的温度传感器,检查一下温度并和 GC1000 屏幕显示的读数进行比较 |
| 不能积分 | 峰位置漂移 | 校准总烃和甲烷色谱峰保留时间,确保峰位置为高点 |
| | 峰太宽 | 调整合适的峰起始时间和结束时间 |
| | 填充柱故障使峰太宽 | 更换填充柱 |
| | 峰分裂为很多小峰 | 检查峰是否在柱箱窗打开时出现,这种情况下峰在柱中被分裂 |
| 重现性差 | 采样系统漏气 | 将负压传感器连接至后面板上样品接口,打开采样泵,检查泵在运行时样气压力示数,如果此时样气压力高于 40kPa,检查系统是否有漏气。请联系供应商 |
| | 阀或色谱柱系统漏气 | 检查十通阀、六通阀或色谱柱接头是否漏气 |
| | 采样线路管道脏 | 这种情况下,校准浓度会上升相当一段时间,请更换采样管路 |
| FID 检测器信号基线不稳定 | FID 污染严重 | 清洗 FID 检测器 |
| | 氢气中水分含量较高 | 在使用氢气发生器时此种情况较为常见,表现出在色谱图上显示尖锐的噪声峰。更换氢气发生器中的干燥器,并重新点燃 FID |
| | 空气压力不稳定 | 在空气管路中安装稳压阀,保证输入压力恒定 |

续表

| 问题 | 原因 | 分析问题/修理细节 |
|---|---|---|
| 产生"鬼峰" | 载气纯度低,净化器失效,固定相与载气污染物发生反应 | 更换载气或活化净化器 |
| | 气路系统漏气 | 检漏,尤其进样系统和检测器两处影响较大 |

## 九、监测站房

分析监测站房（如图 2-67 所示）采用 FlatPack 结构箱房，这种箱房是基于钢结构框架和轻质墙板结构体系的模块化建筑，由顶、底、角柱和保温墙板组成，保温墙板内填充优质防火保温棉。

监测站房具有安全耐用、使用寿命长等特点，使用寿命达 15 年以上；可抗震 8 级、抗风 11 级。

图 2-67 监测站房

监测系统整体流程效果图如图 2-68 所示。

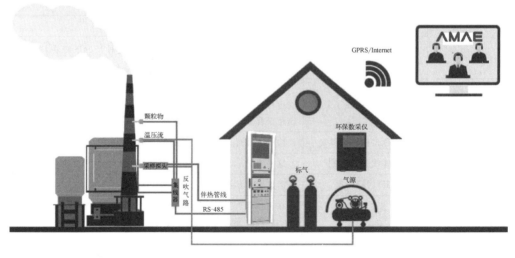

图 2-68 监测系统整体流程效果图

单个站房需要满足如下要求。

① 室外提供安装站房。

② 站房基础荷载强度 2000kgf/m², 面积大于 (2.5×2.5)m², 高度大于 2.8m。

③ 站房内配具有来电自动重启功能的空调，控制室内温度保持在 10～30℃，湿度≤60%，站房内安装排气扇。

④ 站房内预留配置三孔插座 5 个、稳压电源 1 个、UPS 一个。

⑤ 站房内设置防雷、接地装置。接地线大于 4m² 的独芯护套电缆，电源线、信号线与避雷线平行静距离大于 1m，交叉静距离大于 0.3m。

监测站房布置示意图如图 2-69 (a)～(e) 所示。

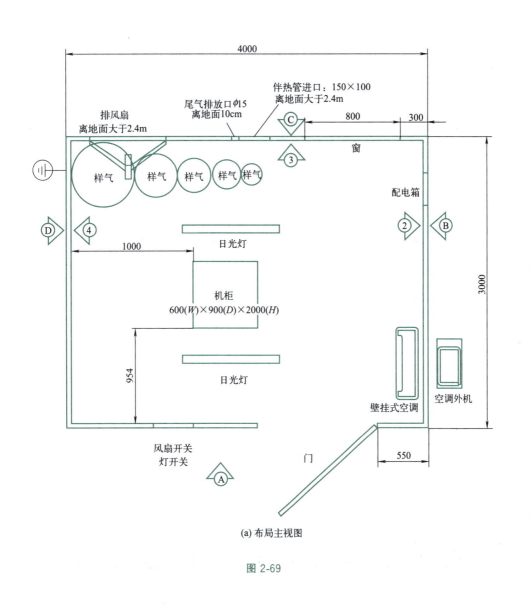

(a) 布局主视图

图 2-69

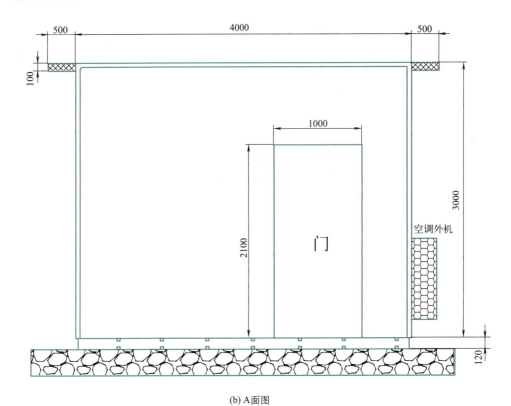

(b) A面图

(c) B面图

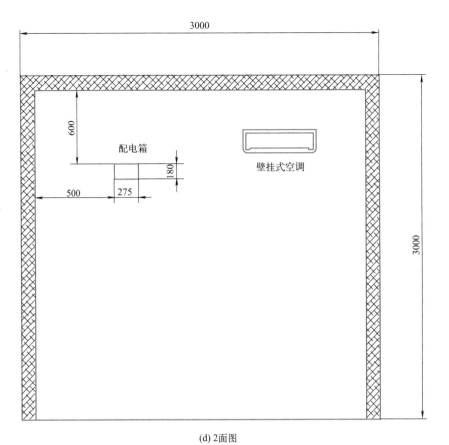

(d) 2面图

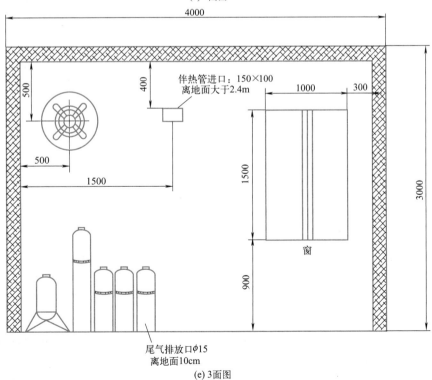

(e) 3面图

图 2-69 监测站房布置示意图

## 第五节 温室气体在线监测系统

### 一、系统概述

目前主流的温室气体监测技术是以光和气体组分的相互作用为物理机制，根据目标组分的特征光谱，借助光谱解析算法，再结合光机电算工程技术，实现温室气体浓度在不同时间、空间、距离下的非接触定量反演。常见的温室气体光谱学检测技术主要包括非分散红外光谱技术（NDIR）、傅里叶变换光谱技术（FTIR）、差分光学吸收光谱技术（DOAS）、差分吸收激光雷达技术（DIAL）、可调谐半导体激光吸收光谱技术（TDLAS）、离轴积分腔输出光谱技术（OA-ICOS）、光腔衰荡光谱技术（CRDS）、激光外差光谱技术（LHS）、空间外差光谱技术（SHS）等。其中，NDIR技术利用气体分子对宽带红外光的吸收光谱强度与浓度成正比的关系，进行温室气体反演，具有结构简单、操作方便、成本低廉等优点，但仪器的光谱分辨率和检测灵敏度较低。FTIR技术通过测量红外光的干涉图，并对干涉图进行傅立叶积分变换，从而获得被测气体红外吸收光谱，能够实现多种组分同时监测，适用于温室气体的本底、廓线和时空变化测量及其同位素探测，仪器系统较为复杂，价格比较昂贵。DOAS也是一种宽带光谱检测技术，能够实现多气体组分探测，仪器光谱分辨率较低，易受水汽和气溶胶的影响。DIAL技术是一种利用气体分子反向散射效应进行气体遥感探测的光谱技术，具有高精度、远距离、高空间分辨率等优点，系统较为复杂，成本较高。TDLAS技术利用窄线宽的可调谐激光光源，完整地扫描到气体分子的一条或几条吸收谱线，具有响应速度快、灵敏度高、光谱分辨率高等优势，能够实现温室气体原位点式和区域开放式探测，对于多气体组分探测通常需要多个激光器复用实现。CRDS和OA-ICOS技术均属于小型化的气体原位探测技术，在温室气体监测方面，能够实现很高的检测灵敏度，成本比TDLAS要高。LHS和SHS都属于高精度、高光谱分辨率的气体检测技术，适用于温室气体的柱浓度或垂直廓线探测，可用于地基和星载大气探测领域。

虽然光谱学检测技术的原理各不相同，但基本都是基于温室气体在红外波段的特征吸收光谱来进行浓度反算的。针对不同的应用场景，综合上述技术的测量优势，可以实现多空间尺度、多时间尺度、多气体组分的连续自动监测，满足生态、环境、气候研究对温室气体排放监测的多样需求。

G2401型温室气体连续自动分析仪（如图2-70所示）是利用光腔衰荡光谱（CRDS）技术对$CO_2$、CO、$CH_4$、$H_2O$四种气体进行同时监测。分析仪独有的内部控温、控压算法，让分析仪具备了优异的精度、准确度、低漂移性能，可提供稳定到极致的测量。测量性能满足世界气象组织（WMO）标准及其他国际性组织（如欧洲综合碳观测系统，ICOS）设立的关于大气监测站的性能规格。G2401型仪器的测量灵敏度达到十亿分之一（ppb），在数月运行中的漂移可以忽略不计。分析仪测量水汽，采用专有算法来校正样气中水汽的稀释效应，并输出 $CO_2$、CO 和 $CH_4$ 的干气摩尔分数。监测数据可通过多种方式进行传输，并进行各种报表的统计工作，能够满足政府及生态环境部门对温室气体的监测和评价需求。

通过对数据的整合与分析，可对碳排放估算法进行修正，为城市碳达峰、碳中和管理提供准确的数据支撑。

图 2-70　G2401 型温室气体连续自动分析仪

## 二、监测项目

温室气体分析仪可同时监测 $CH_4$、$CO_2$、CO、$H_2O$ 四种气体的浓度。

## 三、监测原理

基于单波长激光光束进入光腔在腔镜之间来回反射振荡，切断光源后其能量随时间而衰减，衰减的速度与光腔自身的损耗（包括透射、散射）和腔内被测组分（介质）吸收相关的原理，特定光腔自身的损耗为常量，光能量的衰减与被测组分的含量成比例，以此定量被测组分的含量。

## 四、技术指标

G2401 型温室气体连续自动监测系统技术指标具体详细参数如表 2-30～表 2-33 所示。

表 2-30　二氧化碳技术指标

| 测量项目 | | $CO_2$ 技术指标 | 单位 |
| --- | --- | --- | --- |
| 测量范围 | | 0～1000 | μmol/mol |
| 精度 | 5s | <50 | nmol/mol |
| | 5min | <20 | nmol/mol |
| | 1h | <10 | nmol/mol |
| 标准温压下的最大漂移<br>（50min 平均值的最<br>值之差,不需要参考气体） | 24h | 100 | nmol/mol |
| | 每月 | 500 | nmol/mol |

续表

| 测量项目 | $CO_2$ 技术指标 | 单位 |
|---|---|---|
| 测量可重复性(10min,1σ) | 50 | nmol/mol |
| 确保精度范围 | 300～500 | μmol/mol |
| 测量间隔 | <5 | s |
| 上升/下降时间(10%～90%/90%～10%) | <5 | s |

表 2-31　一氧化碳技术指标

| 测量项目 | | CO 技术指标 | 单位 |
|---|---|---|---|
| 测量范围 | | 0～5 | μmol/mol |
| 精度 | 5s | <15 | nmol/mol |
| | 5min | <1.5 | nmol/mol |
| | 1h | <1 | nmol/mol |
| 标准温压下的最大漂移（50min 平均值的最值之差，不需要参考气体） | 24h | 10 | nmol/mol |
| | 每月 | 50 | nmol/mol |
| 测量可重复性(10min,1σ) | | 1 | nmol/mol |
| 确保精度范围 | | 0～1 | μmol/mol |
| 测量间隔 | | <5 | s |
| 上升/下降时间(10%～90%/90%～10%) | | <5 | s |

表 2-32　甲烷技术指标

| 测量项目 | | $CH_4$ 技术指标 | 单位 |
|---|---|---|---|
| 测量范围 | | 0～20 | μmol/mol |
| 精度 | 5s | <1 | nmol/mol |
| | 5min | <0.5 | nmol/mol |
| | 1h | <0.3 | nmol/mol |
| 标准温压下的最大漂移（50min 平均值的最值之差，不需要参考气体） | 24h | 1 | nmol/mol |
| | 每月 | 3 | nmol/mol |
| 测量可重复性(10min,1σ) | | 1 | nmol/mol |
| 确保精度范围 | | 1～3 | μmol/mol |
| 测量间隔 | | <5 | s |
| 上升/下降时间(10%～90%/90%～10%) | | <5 | s |

表 2-33　水汽技术指标

| 测量项目 | | $H_2O$ 技术指标 | 单位 |
|---|---|---|---|
| 测量范围 | | 0～7%水汽 | — |
| 精度 | 5s | <30 | μmol/mol |
| | 5min | <5 | μmol/mol |
| | 1h | — | — |

续表

| 测量项目 | | $H_2O$ 技术指标 | 单位 |
|---|---|---|---|
| 标准温压下的最大漂移（50min 平均值的最值之差，不需要参考气体） | 24h | 1 | nmol/mol（100μmol/mol±5％读数） |
| | 每月 | 3 | nmol/mol |
| 确保精度范围 | | 0～3％水汽 | — |
| 测量间隔 | | <5 | s |
| 上升/下降时间(10％～90％/90％～10％) | | <5 | s |

## 五、系统特点

G2401 型温室气体连续自动分析仪采用光腔衰荡光谱技术，可在有限的光腔内实现长达 20km 的有效测量光程，因此该分析仪虽然尺寸小，但能达到优异的灵敏度。

精心设计的小光腔整合了精确的温度与压强控制，让分析仪具备了优异的精度、准确度、低漂移和易用性。

## 六、应用领域

温室气体连续自动分析仪可广泛应用于城市环境监测、区域环境监测、行业碳排放定量检测等场景中的气体浓度在线实时监测。

 复习思考题

1. 简要说明空气在线监测点位的布设原则。
2. 简要阐述空气在线监测点位的布设要求。
3. 与空气在线监测站相比，微型环境空气监测站有哪些优点？
4. 简要说明微型环境空气监测站主要应用领域。
5. 简要阐述挥发性有机物在线监测系统的组成。
6. 简要阐述 PAMS 的分析原理。
7. 简要说明光腔衰荡光谱法监测温室气体的原理。

# 第三章

# 噪声污染在线监测技术

## 学习目标

**知识目标：** 了解环境噪声在线监测系统的组成，掌握环境噪声在线监测系统的仪器结构、工作原理、应用范围。

**能力目标：** 熟悉环境噪声在线监测系统的安装调试，熟练掌握环境噪声在线监测的操作应用及其维护。

**素质目标：** 树立和践行社会主义核心价值观；增强环保法治意识。

## 阅读材料

噪声污染已成为世界公害之一。从2003年开始每年的4月16日正式确定为"世界噪声日"。近年来，相邻不动产所有人及使用权人之间，噪声等不可量物侵害所导致的纠纷频频发生。

某某台球俱乐部（原告）位于某某娱乐会所（被告）的上方，系上下楼相邻关系。被告某某娱乐会所系从事歌舞娱乐的场所，安装有大量音响设备，场所未对顶部（天花板）采取隔声措施，其经营时间一般为21时至次日凌晨。经法院委托监测机构对被告某某娱乐会所经营过程中产生的噪声、振动进行检测，发现因该娱乐会所噪声影响，某某台球俱乐部的室内噪声值均较大幅度超过《社会生活环境噪声排放标准》的夜间限值。某某台球俱乐部认为某某娱乐会所在经营中发出的噪声形成了噪声污染，影响其经营活动，遂向法院提起噪声污染侵权诉讼，要求该娱乐会所立即停业或采取整改措施停止噪声污染，并赔偿经营损失。

根据《中华人民共和国民法典》的规定，不动产权利人不得违反国家规定弃置固体废物，排放大气污染物、水污染物、土壤污染物、噪声、光辐射、电磁辐射等有害物质。最后经法院调解，双方友好协商，某某娱乐会所在限定期限内完成天花板等隔声措施整改，消除对某某台球俱乐部造成的噪声污染影响。

噪声污染与水污染、空气污染等都是当今社会普遍关注的环境问题。但噪声污染与其他污染相比又有其不同的特征，它是物理性污染（又称能量污染）。一般情况下它并不致命，且与声源同时产生同时消失，噪声源分布很广，很难集中处理。由于噪声渗透到人们生产和生活的各个领域，且人们能够直接感受到它的干扰，所以噪声是受到抱怨和控告最多的环境污染。

## 第一节　噪声的污染和危害

声音的本质是波动。受作用的空气发生振动，当振动频率在 20~20000Hz 时，作用于人耳的鼓膜从而产生的感觉称为声音。人耳可以听到 20~20000Hz 的声音，最敏感的是 200~800Hz 之间的声音。声音的传播需要物质，物理学中把这样的物质叫作介质，这个介质可以是空气、液体和固体，当然在真空中，声音不能传播。声音在不同的介质中传播的速度也是不同的。声音的传播速度跟介质的反抗平衡力有关，反抗平衡力越大，声音就传播得越快。水的反抗平衡力要比空气的大，而固体的反抗平衡力又比水的大，所以声音在不同介质中的传播速度为固体＞液体＞气体。

根据声音不同的传播介质，将其分为空气声、液体声和固体声等。噪声污染在线监测主要讨论的是空气声。

### 一、噪声的定义

物理学上对噪声的定义是一切无规律的或随机的声信号叫噪声。生理学上对噪声的定义是凡是妨碍人们正常休息、学习和工作的声音，以及对人们要听的声音产生干扰的声音。噪声的判断还与人们的主观感觉和心理因素有关，即一切不希望存在的声音都叫噪声。从这个意义上来说，噪声的来源很多，例如街道上的汽车声、安静的图书馆里的说话声、建筑工地的机器声以及邻居电视机过大的声音，都是噪声。

噪声可能是由自然现象所产生，也可能是由人类活动所产生，它可以是杂乱无章的声音，也可以是和谐的乐音，只要它超过了人们生活、生产和社会活动所允许的程度都称为噪声，所以在某些时候和某些情绪条件下，音乐也可能是噪声。

### 二、噪声的来源

环境噪声的来源主要有以下四种。

① 交通噪声　主要是指汽车、火车、轮船和飞机等交通工具在行驶过程中鸣笛、发动机、摩擦等所产生的噪声。这些噪声是流动的，不固定的，干扰范围比较大。

② 工厂噪声　主要是指工厂生产运行时产生的噪声。工厂内设备多，噪声类型多，像各类的空气噪声、摩擦噪声、低频噪声等。这些噪声来源多，治理比较复杂。

③ 建筑施工噪声　主要是指打桩机、挖土机和混凝土搅拌机等在建筑施工运行时产生的噪声。

④ 社会生活噪声　主要是指营业性文化娱乐场所和商业经营活动中使用的设备、设施产生的噪声。

## 三、噪声的危害

(1) 干扰休息，影响工作效率

人类有近 1/3 的时间是在睡眠中度过的。睡眠是人类消除疲劳、恢复体力、维持健康的一个重要条件。但环境噪声会使人不能安眠或被惊醒，在这方面，老人和病人对噪声干扰更为敏感。当睡眠被干扰后，工作效率和健康都会受到影响。研究结果表明：连续噪声可以加快熟睡到轻睡的回转，使人多梦，并使熟睡的时间缩短；突然的噪声可以使人惊醒。一般来说，40dB 连续噪声可使 10% 的人受到影响；70dB 可影响 50%；而突发性噪声在 40dB 时，可使 10% 的人惊醒，到 60dB 时，可使 70% 的人惊醒。

噪声超过 85dB，会使人感到心烦意乱，人们会感觉到吵闹，因而无法专心地工作，结果导致工作效率降低。

(2) 损伤听力

噪声会使人听力受损，这种损伤是累积性的，在强噪声环境下工作一天，只要噪声不是过强（120dB 以上），事后只产生暂时性的听力损伤，经过休息便可以恢复。但如果长期在强噪声环境下工作，每天虽可以暂时恢复，但经过一段时间后，就会产生永久性的听力损伤。

(3) 对人体生理的其他影响

噪声除了损伤听力以外，还会引起其他人身损害。噪声是一种恶性刺激物，长期作用于人的中枢神经系统，可使大脑的兴奋和抑制失调，条件反射异常，出现头晕、头疼、耳鸣、失眠、心慌、记忆力衰退、注意力不集中等症状。这种症状药物治疗效果很差，但当脱离噪声环境时，症状就会明显好转。噪声可引起人神经系统功能紊乱，表现在血压升高或者降低，心率改变，心脏病加剧。噪声会使人唾液、胃液分泌减少，胃酸降低，胃蠕动减弱，食欲不振，引起胃溃疡。噪声对人的内分泌功能也会产生影响，如导致女性功能紊乱、月经失调、流产率增加等。噪声对儿童的智力发育也有不利影响，3 岁孩童生活在 75dB 的噪声环境里，他们的心脑功能发育都会受到不同程度的损害。

① 损害心血管。噪声会加速心脏衰老，增加心肌梗死发病率。急性噪声暴露常引起高血压，在 100dB 下 10min，肾上腺激素则分泌升高，交感神经被激动。在动物实验上，也有相同的发现。虽然流行病学调查结果不一致，但最近几个大规模研究显示长期噪声的暴露与高血压呈正相关的关系。暴露噪声 70dB 到 90dB 五年，高血压的危险性高达 2.47 倍。

② 对女性生理功能的损害。女性受噪声的威胁，会有月经不调、流产及早产等，如导致女性功能紊乱、月经失调、流产率增加等。相关科研人员曾在哈尔滨、北京等城市选择 7 个小区经过为期 3 年的系统调查，结果发现噪声不仅能使女工患噪声聋，且对女性的月经和生育均有不良影响。另外，可导致孕妇流产、早产，甚至可致畸胎。

③ 噪声还可以导致神经系统功能紊乱、精神障碍、内分泌紊乱甚至事故率升高。

高噪声的工作环境，可使人出现头晕、头痛、失眠、多梦、全身乏力、记忆力减退以及恐惧、易怒、自卑甚至精神错乱等症状。

## 第二节　噪声的标准

噪声对人的影响与声源的物理特性、暴露时间和个体差异等因素有关。所以噪声标准的制定是在大量实验基础上进行统计分析的，主要考虑因素是听力保护，噪声对人体健康的影响，人们对噪声的主观烦恼度和目前的经济、技术条件等方面。对不同的场所和时间分别加以限制，即同时考虑标准的科学性、先进性和现实性。

### 一、环境噪声允许范围

就保护听力而言，一般认为每天 8h 工作在声级 80dB 以下的环境中听力不会损伤，而在声级分别为 85dB 和 90dB 的环境中工作 30 年，根据国际标准化组织（ISO）的调查，耳聋的可能性分别为 8% 和 18%。在声级为 70dB 的环境中，谈话就感到困难。而干扰睡眠和休息的声级阈值白天为 50dB，夜间为 45dB。我国环境噪声允许范围见表 3-1。

表 3-1　我国环境噪声允许范围

| 人的活动 | 最高值/dB | 理想值/dB |
| --- | --- | --- |
| 体力劳动（保护听力） | 90 | 70 |
| 脑力劳动（保证语言清晰度） | 60 | 40 |
| 睡眠 | 50 | 30 |

### 二、环境噪声制定依据

环境噪声标准制定的依据是环境基准噪声，各国大多参考 ISO 推荐的基数（如睡眠为 30dB）作为基准，根据不同时间、不同地区和室内噪声受室外噪声影响的修正值，以及本国具体情况来制定，详见表 3-2～表 3-4。

表 3-2　一天不同时间对基数的修正值

| 时　间 | 修正值/dB |
| --- | --- |
| 白天 | 0 |
| 晚上 | −5 |
| 夜晚 | −15～−10 |

表 3-3　不同地区对基数的修正值

| 地　区 | 修正值/dB |
| --- | --- |
| 农村、医院、休养区 | 0 |
| 市郊、交通量很少的地区 | +5 |

续表

| 地 区 | 修正值/dB |
|---|---|
| 城市居住区 | +10 |
| 居住、工商业、交通混合区 | +15 |
| 城市中心(商业区) | +20 |
| 工业区(重工业) | +25 |

表 3-4　室内噪声受室外噪声影响的修正值

| 窗外状况 | 修正值/dB |
|---|---|
| 开窗 | −10 |
| 关闭的单层窗 | −15 |
| 关闭的双层窗或不能打开的窗 | −20 |

## 三、环境噪声限值

我国《声环境质量标准》(GB 3096—2008)中关于环境噪声的限值详见表 3-5。

表 3-5　环境噪声限值

| 类别 | 昼间/dB | 夜间/dB |
|---|---|---|
| 0 类 | 50 | 40 |
| 1 类 | 55 | 45 |
| 2 类 | 60 | 50 |
| 3 类 | 65 | 55 |
| 4a 类 | 70 | 55 |
| 4b 类 | 70 | 60 |

①"0 类声环境功能区"指康复疗养区等特别需要安静的区域。

②"1 类声环境功能区"指以居民住宅、医疗卫生、文化教育、科研设计、行政办公为主要功能，需要保持安静的区域。

③"2 类声环境功能区"指以商业金融、集市贸易为主要功能，或者居住、商业、工业混杂，需要维护住宅安静的区域。

④"3 类声环境功能区"指以工业生产、仓储物流为主要功能，需要防止工业噪声对周围环境产生严重影响的区域。

⑤"4 类声环境功能区"指交通干线两侧一定距离之内，需要防止交通噪声对周围环境产生严重影响的区域，包括 4a 类和 4b 类两种类型。4a 类为高速公路、一级公路、二级公路、城市快速路、城市主干路、城市次干路、城市轨道交通（地面段）、内河航道两侧区域，4b 类为铁路干线两侧区域。

上述标准值指户外允许噪声级，测量点选在居住或工作建筑物外，离任一建筑物的距离不小于 1m 处，传声器距地面的垂直距离不小于 1.2m。如必须在室内测量，则标准值应低于所在区域 10dB（A），测量点距墙面和其他主要反射面不小于 1m，距地板 1.2～1.5m，距窗户约 1.5m，开窗状态下测量。

我国《工业企业厂界环境噪声排放标准》(GB 12348—2008)规定的工业企业厂界环境噪声排放限值详见表 3-6。

表 3-6　工业企业厂界环境噪声排放限值

| 厂界外声环境功能区类别 | 昼间时段/dB | 夜间时段/dB |
|---|---|---|
| 0 | 50 | 40 |
| 1 | 55 | 45 |
| 2 | 60 | 50 |
| 3 | 65 | 55 |
| 4 | 70 | 55 |

我国《社会生活环境噪声排放标准》(GB 22337—2008)规定的社会生活噪声排放源边界噪声排放限值详见表 3-7。

表 3-7　社会生活噪声排放源边界噪声排放限值

| 边界外声环境功能区类别 | 昼间时段/dB | 夜间时段/dB |
|---|---|---|
| 0 | 50 | 40 |
| 1 | 55 | 45 |
| 2 | 60 | 50 |
| 3 | 65 | 55 |
| 4 | 70 | 55 |

我国《汽车加速行驶车外噪声限值及测量方法》(GB 1495—2002)规定的机动车辆允许噪声限值详见表 3-8。

表 3-8　汽车加速行驶车外噪声限值

| 汽车分类 | | 噪声限值/dB(A) | |
|---|---|---|---|
| | | 第三阶段 | 第四阶段 |
| $M_1$ | GVM≤2500kg[a,b] | 72 | 71 |
| | GVM>2500kg[c,d] | 73 | 72 |
| $M_2^f$ | GVM≤3500kg | 74 | 73 |
| | GVM>3500kg | 76 | 75 |
| $M_3^f$ | GVM≤7500kg | 78 | 77 |
| | 7500kg<GVM≤12000kg | 80 | 79 |
| | GVM>12000kg | 81 | 80 |
| $N_1^e$ | GVM≤2500kg | 73 | 72 |
| | GVM>2500kg | 74 | 73 |
| $N_2^f$ | GVM≤7500kg | 78 | 77 |
| | GVM>7500kg | 79 | 78 |
| $N_3^f$ | GVM≤17000kg | 81 | 80 |
| | GVM>17000kg[g] | 82 | 81 |

注：对特殊车型的限值宽松说明，详见以下 a～g 条款。

a. GVM≤2500kg 的 $M_1$ 类车型：如属于越野车（G类），或采用中置（后置）发动机且后轴参与驱动时，其限值增加 1dB(A)。其中，采用中置发动机仅后轴驱动车型如果其驾驶员座椅 $R$ 点离地面高度≥800mm，其限值再增加 1dB(A)。

b. GVM≤2500kg 的 $M_1$ 类车型：如 PMR>120kW/t，其限值增加 1dB(A)。其中，如果 PMR>160kW/t，其限值增加 2dB(A)。

c. GVM>2500kg 的 $M_1$ 类车型：如属于越野车（G类），或其驾驶员座椅 $R$ 点离地高度≥850mm，其限值增加 1dB(A)。

d. GVM>2500kg 的 $M_1$ 类车型：如 PMR>160kW/t，其限值增加 2dB(A)。

e. $N_1$ 类车型：如属于越野车（G类），或噪声测量时后轴参与驱动，其限值增加 1dB(A)。

f. $M_2$、$M_3$、$N_2$、$N_3$ 类车型：如噪声测量时采用多于两轴行驶，其限值增加 1dB(A)；如噪声测量时采用多轴驱动，其限值再增加 1dB(A)；

g. GVM>17000kg 的 $N_3$ 类车型：如属于越野车（G类），其限值增加 1dB(A)。

我国《机场周围飞机噪声环境标准》（GB 9660—88）规定的机场周围飞机噪声标准值详见表 3-9。

表 3-9　机场周围飞机噪声标准值

| 适用区域 | 标准值/dB |
| --- | --- |
| 一类区域 | ≤70 |
| 二类区域 | ≤75 |

表 3-9 中一类区域指特殊住宅区和居住、文教区；二类区域指除一类区域以外的生活区。

上述标准适用的区域地带范围由各地人民政府进行划定。

## 第三节　噪声在线监测

### 一、测量仪器

环境噪声自动在线监测站由前端噪声采样单元、数据分析单元、数据采集传输单元以及后端计算机和数据处理软件组成（图 3-1）。通过安装在各个监测现场的噪声监测设备，对监测区域内的噪声值进行量化统计和分析，将现场监测的噪声值数据上传到环境监测监控信息管理系统，同时可对超标时间段的噪声进行录音留样，实现对环境噪声的实时连续监测，实现超标自动留样和警告功能。

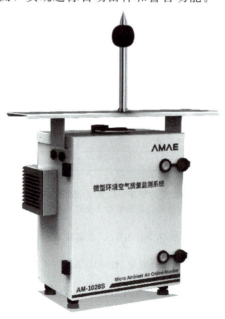

图 3-1　AM-1026S 型环境噪声自动在线监测站

## 二、系统特点

AM-1026S 型环境噪声自动在线监测系统具有如下特点。

① 可实现全天候无人值守的连续监测。

② 可对多个监测点实时监测。

③ 采用模块化设计,可以灵活配置,满足不同监测需求。

④ 具备录音功能,便于远程监听和超标自动留样。

⑤ 传输方式:GPRS(通用分组无线业务)、CDMA(码分多址)、GSM(全球移动通信系统)、LAN(局部区域网)、PSTN(公共交换电话网络)、光纤等。

⑥ 数据上传时间灵活可调,可任意选择上传频率。

⑦ 系统可实现自动或人工校准。

⑧ 可增加实时频谱分析功能,能按精密法测量环境噪声。

⑨ 后台软件系统功能强大,和环境监测监控信息管理系统平台充分兼容,便于客户使用和管理。

## 三、气象条件

测量应在无雨雪、无雷电的天气条件下进行,风速为 5m/s 以上时停止测量。测量时传感器加风罩,以避免风噪声干扰,同时也可保持传声器清洁。铁路两侧区域环境噪声测量,应避开列车通过的时段。

## 四、测量时段

测量时段一般分为昼间(6:00~22:00)和夜间(22:00~次日 6:00)两部分。随着地区和季节的不同,上述时间可由县级以上人民政府按当地习惯和季节变化划定。

## 五、点位布设

### 1. 布点原则

环境噪声监测点的布设,要在对城市功能现状及发展规划、人口及其分布、交通道路网状况、城市区域环境噪声适用区划分、声环境质量现状、主要噪声源分布及其类型等情况进行综合分析的基础上,考虑行政区域划分和空间分布进行适当均衡,注意人群密集区域和主要道路交通干线优先等问题,参考空气污染监测布点的方法进行布设。所选点位的代表性和可行性是布设监测点时需考虑的关键问题。

评价范围内有明显的声源,并对敏感目标的声环境质量有影响,或建设项目为改、扩建工程,应根据声源种类采取不同的监测布点原则。

(1)固定声源监测

现状测点应重点布设在可能既受到现有声源影响,又受到建设项目声源影响的敏感目标处,以及有代表性的敏感目标处。为满足预测需要,也可在距离现有声源不同距离处设衰减测点。

(2) 流动声源监测

当声源为流动声源,且呈现线声源特点时,现状测点位置选取应兼顾敏感目标的分布状况、工程特点及线声源噪声影响随距离衰减的特点,布设在具有代表性的敏感目标处。为满足预测需要,也可选取若干线声源的垂线,在垂线上距声源不同距离处布设监测点。其余敏感目标的现状声级可通过具有代表性的敏感目标噪声的验证和计算求得。

(3) 城市交通噪声监测

监测点选在两路口之间、道路边人行道上、离车行道的路沿 20cm 处,此处离路口应大于 50m,这样监测点的噪声可以代表两路口间的该段道路的交通噪声。

如果想了解道路两侧区域的道路交通噪声分布,垂直道路按噪声传播由近到远的方向设测点测量,直到噪声级降到邻近道路的功能区(如混合区)的允许标准值为止。

(4) 机场噪声监测

对于改、扩建机场工程,测点一般布设在主要敏感目标处,测点数量可根据机场飞行量及周围敏感目标情况确定,现有单条跑道、二条跑道或三条跑道的机场可分别布设 3~9 个、9~14 个或 12~18 个飞机噪声测点,跑道增多可进一步增加测点。其余敏感目标的现状飞机噪声声级可通过测点飞机噪声声级的验证和计算求得。

2. 布点范围

为了充分了解评价范围内声环境质量现状,布设的现状监测点应能覆盖整个评价范围。评价范围内的厂界和敏感目标的监测点位均应在调查的基础上合理布设。由于声波传播过程中受地面建筑物和地面对声波的吸收影响,同一敏感目标不同高度上的声级会有所不同,因此当敏感目标高于三层建筑时,还应选取有代表性的不同楼层设置监测点。

3. 布点方法

按照环境噪声污染的时间与空间分布规律进行测量,基本方法有网格测量法和定点测量法两种。

(1) 网格测量法

将待测区域划分成多个等大的正方形网格,网格要完全覆盖被普查的区域。每个网格中的工厂、道路及非建成区的面积之和不得大于网格面积的 50%,否则视为该网格无效。有效网格总数应多于 100 个。测点布在每个网格的中心。若网格中心点不宜测量(如为建筑物、厂区内等),应将测点移动到距离中心点最近的可测量位置上进行测量。

应分别在昼间和夜间进行测量。在规定的测量时间内,每次每个测点测量 10min 的等效声级。将全部网格中心测点测得的 10min 的等效声级作算术平均运算,所得到的平均值代表某一区域的噪声水平。

（2）定点测量法

在标准规定的城市建成区中，优化选取一个或多个能代表某一区域或整个城市建成区环境噪声水平的测点，进行 24h 连续监测。测量每小时的等效声级，将每小时测得的等效声级按照时间排列，得到 24h 声级变化图，用于表示某一区域环境噪声的时间分布规律。

 复习思考题

1. 简要阐述噪声的定义、来源以及危害。
2. 简要说明噪声功能区的分类以及限值标准。
3. 简述噪声在线监测仪的特点。
4. 简述噪声在线监测点位的布设原则。
5. 简述噪声在线监测点位的布设方法。